Couverture : « diversité des plantes »
Auteur : Rkitko. - GFDL - Wikipedia

2

Jacqueline LAUNAY

PRODUIRE PLUS !

REUSSIR L'AGRICULTURE
écologique, biologique, économique.

*UNE AGRICULTURE DURABLE
POUR UN ENVIRONNEMENT DURABLE*

Nature et Environnement

Le Code de la propriété intellectuelle interdit les copies ou reproductions destinées à une utilisation collective. Toute représentation ou reproduction intégrale ou partielle faite par quelque procédé que ce soit, sans le consentement de l'auteur ou de ses ayants cause, est illicite et constitue une contrefaçon sanctionnée par les articles L. 335-2 et suivants du Code de la propriété intellectuelle. Pour les publications destinées à la jeunesse : application de la Loi n° 49-956 du 16 juillet 1949.

*Je dédie ce livre
A mes enfants et à Charlotte,
A mes neveux et petits-neveux,
A mes filleuls,
A mes amis.*

Du même auteur :

« des Dieux et des Hommes »,

« Encyclopédie des Plantes » :
Pour notre Terre, choisir l'Agriculture durable... écologique

« Petite histoire des Peuples en plusieurs volumes »

« PhénixMai »

*

« Tout jardin est, d'abord l'apprentissage du temps, du temps qu'il fait, la pluie, le vent, le soleil, et le temps qui passe, le cycle des saisons. »
Erik Orsenna

« Un jardin, même tout petit, c'est la porte du paradis. »
Marie Angel

*« Le bonheur n'est pas une plante sauvage, qui vient spontanément comme les mauvaises herbes des jardins :
c'est un fruit délicieux, qu'on ne rend tel qu'à force de culture ».*
Nicolas Restif de la Bretonne

8

PRODUIRE PLUS !

Nature et Environnement

REUSSIR L'AGRICULTURE ECOLOGIQUE,
durable, économique,
POUR UN ENVIRONNEMENT DURABLE

L'agriculture durable offre davantage de productivité : une production et une rentabilité à la fois stables et élevées et une réduction des émissions des gaz à effet de serre.

---

*

L'agriculture durable est une méthode de culture :
« L'agriculture durable est un mode cultural pouvant s'allier avec toutes les semences. Néanmoins, si au démarrage, et notamment pour les grandes surfaces, il peut être nécessaire de recouvrir le sol d'engrais : on choisira des engrais à base de minéraux, végétaux ou animaux uniquement ... »

CHAPITRE 1

LA PRODUCTION, LA PRODUCTIVITE...

*

La Terre, la Forêt/Bois, la Mer : les Cultures. - le système cultural est l'ensemble des modalités techniques pour exploiter une parcelle « de même manière », dans le but de produire plus de végétaux.

L'agriculture comparée étudie le développement agricole et les différents systèmes agraires à travers le monde et l'histoire...

> « Sous le chapeau d'un paysan, est le conseil d'un prince »
>
> *Aulu-Gelle (Erudit latin du 2ème siècle)*

PRODUIRE PLUS
GRACE A L'AGRICULTURE DURABLE
dont le but est de créer des valeurs sures ;

- en rapport avec « Produire Plus ! » ; C.P. d'Edissio du 27/11/2015 -

« Alors que la Terre devrait accueillir 9 milliards d'hommes en 2050 - les experts estiment qu'il faudra au moins doubler la production agricole mondiale d'ici là, pour subvenir aux besoins de l'humanité.

« Or les solutions qui ont permis d'augmenter la productivité des exploitations depuis le milieu du XXe siècle montrent leurs limites.

« En effet, ce système, qui nécessite beaucoup d'eau, est extrêmement polluant et dégrade l'environnement. De plus, les phénomènes climatiques extrêmes de plus en plus fréquents, la désertification des sols, l'élévation du niveau de la mer et l'urbanisation croissante limitent les surfaces cultivables disponibles.

....aussi nous plaidons pour une transition vers une agriculture durable, économiquement viable, et n'entraînant aucune nuisance pour la nature et la santé de l'homme.

L'agriculture durable doit concilier dimensions économiques, sociales et environnementales. -

« Lors de la Conférence de Rio de Janeiro, en 1992, les chefs d'états ont, pour la première fois, adopté une déclaration commune qui fixe des recommandations visant à mieux gérer la planète. Au cœur des enjeux, l'agriculture doit à la fois nourrir les hommes et préserver les écosystèmes. « Comment y parvenir ?

« En s'engageant pour la durabilité, un agriculteur veille à ne pas épuiser les ressources naturelles locales en préservant la biodiversité, la qualité de l'eau et des sols. Les générations futures trouveront ainsi une terre indemne de toute détérioration et apte à les nourrir.

« Le bénéfice pour la planète est évident mais l'agriculture durable doit également devenir économiquement viable. Cela passe par une transformation des systèmes de production, en convainquant les cultivateurs de leurs bienfaits et en dynamisant les échanges locaux.

Régénérer la vie des sols est un préalable fondamental.- « **La préparation du terrain** doit permettre de protéger la vie du sol et sa biodiversité. Dans ce système, un jardinier ne retourne que la couche superficielle du terrain. La terre est alors aérée sans être travaillée en profondeur, afin de ne pas détruire la vie végétative très importante pour le développement des plantes.

« La qualité de la terre est un enjeu essentiel. Un **compostage** régulier des surfaces cultivées permet de l'enrichir. **L'humus**, très dégradé par l'apport d'engrais et de pesticides, doit faire l'objet d'une attention particulière. En effet, il favorise la nutrition des plantes et constitue une réserve alimentaire.

... «... **il est conseillé d'ailleurs, lors du démarrage d'un jardin potager**, de faire analyser le taux d'humus dans le sol pour connaître la qualité du terrain. ... La présence de vers de terre contribue également à entretenir les propriétés physiques des sols.

Adopter des pratiques durables. - « Certaines pratiques de culture favorisent la qualité et le rendement d'une récolte tout en préservant l'environnement. C'est le cas de **l'association de végétaux** sur la même parcelle pour leurs bénéfices mutuels. De même, des éléments auxiliaires sont souvent utiles contre les ennemis des cultures : pose de nichoirs, haies, zones-tampon autour des cultures, etc.

« Ainsi, **l'agroforesterie**, en mélangeant arbres et herbacés, permet d'augmenter la production des terres. L'arbre devient ainsi protecteur des cultures, enfonçant ses racines profondément dans le sol, permettant aux pluies de mieux s'infiltrer pour recharger la nappe phréatique.

« La pratique d'une **rotation des cultures** dans le temps, en agriculture comme en jardinage, améliore la fertilité des sols pour en augmenter les rendements. Tout en régénérant le sol, semer la première année des légumineuses, qui ont la capacité de fixer l'azote atmosphérique, garantit de belles récoltes à venir.

Exemple de rotation pour une sole (du jardin, par exemple...)
1ère année : légumineuses (haricot, pois, fève ou lentille..)
2ème année : légumes-feuilles (mâche, choux, salade, épinard...)
3ème année : légumes-fruits (tomate... melon, courge, potiron, citrouille et concombre...)
4ème année : légumes-racines (carotte, panais, radis, betterave, navet) qui s'associent à merveille avec les légumes dits « bulbes» comme : oignon, échalote, ail....).

*

Focus sur l'exploitation de Christian COUVRETTE, adepte de l'agriculture durable au Québec. -

« Ce témoignage constitue une preuve de l'efficacité des modes de production durables. L'agriculteur pratique de longues rotations de cultures qui incluent quatre ans de luzerne, une ou deux années de maïs, un an de soja et un an de petites céréales. La qualité du sol est améliorée par l'apport de fumier issu de son troupeau laitier.

« Quand l'équipe du semencier est arrivée sur place pour la pesée officielle, on a dû s'y reprendre à trois reprises à tel point que le résultat était improbable : 17 Tm/ha (soit 6,9 tonnes à l'acre) ». Ces résultats sont d'autant plus impressionnants qu'au Québec, les producteurs de maïs-grain estiment avoir un très bon rendement lorsqu'ils atteignent ou dépassent 10 Tm/ha (4 tonnes à l'acre). « Il n'y a eu aucun désherbage » précise-t-il fièrement. »

*

Emissions annuelles de gaz à effet de serre par secteur

- Processus industriels 16,8%
- Centrales énergétiques 21,3%
- Transport 14,0%
- Elimination et traitement des déchets 3,4%
- Production agricole 12,5%
- Combustion de biomasse et exploitation des terres 10,0%
- Extraction et distribution des énergies fossiles 11,3%
- Résidences commerces et autres 10,3%

Dioxyde de carbone (72% du total) : 20,6% ; 29,5% ; 8,4% ; 9,1% ; 12,9% ; 19,2%

Méthane (18% du total) : 40,0% ; 4,8% ; 6,6% ; 18,1% ; 29,6%

Oxydes d'azote (9% du total) : 62,0% ; 1,1% ; 1,5% ; 2,3% ; 5,9% ; 26,0%

page précédente :

« émissions de gaz à effet de serre » ; est distribué sous licence CC BY-SA 3.0   Auteur : Robert A. Rohde.   Wikipedia

*

Durée de séjour des principaux gaz à effet de serre/Temps

gaz à effet de serre	formule	durée de séjour (an
vapeur d'eau	H_2O	quelques jours
dioxyde de carbone	CO_2	1001
méthane	CH_4	12
protoxyde d'azote	N_2O	114
dichlorodifluorométhane (CFC-12)	CCl_2F_2	100
Chlorodifluorométhane (HCFC-22)	$CHClF_2$	12
hexafluorure de soufre	SF_6	3200
tétrafluorométhane n4	CF_4	50000

*

PARVENIR AU « JARDINAGE ECOLOGIQUE » :

c'est reconnaître qu'il y a d'abord un terrain à préparer soigneusement, à partir, soit d'un terrain ayant été traité précédemment à l'aide d'engrais chimiques, soit d'un terrain ayant bénéficié d'une agriculture naturelle,
soit un taillis, une friche..
Pour chacun d'eux, la préparation sera différente afin d'obtenir
un sol totalement propre, prêt à être ensemencé...

Avant toute chose, le sol sera ameubli :
en effet, les végétaux auront besoin d'un sol riche
en micro-organismes actifs destinés à les nourrir et les aider à mieux vivre, un sol riche en humus...
Laisser le sol couvert car
comment se développent ces micro-organismes ?
ils aimeront, tout d'abord, le mulch, les restes de récoltes et au besoin,
l'adjonction d'engrais ou fertilisants (qui seront naturels)
puis par la suite, ils se développeront normalement grâce à la rotation ou modification de l'ordre des plantes...

> *« Le jardinier aura une hygiène indispensable de ses mains et ses outils*
> *car ils transportent toutes les maladies des végétaux pouvant être transmises d'un végétal à un autre !*
> *Il devra alors utiliser l'eau de Javel ou la flamme. »*

*

LA PREPARATION DU TERRAIN
pour protéger la vie des sols et la biodiversité,

A/ avant toute chose, LES OUTILS

La particularité du jardinage écologique est qu'on ne retourne que la couche superficielle du terrain, ce qui simplifie le bêchage. Cette technique a pour effet d'aérer la terre sans travailler en profondeur, afin de ne pas détruire la vie végétative très importante pour le développement des plantes.

*« à éviter le motoculteur qui ne respecterait pas les couches vivantes du sol et vos précieux alliés pour ce type de culture, les vers de terre ... **sauf peut-être dans de rares cas...***
cependant, le poids de l'engin et les passages répétés risquent de créer une « semelle de labour » compacte sous la terre. Ce serait une barrière pour les racines de plantes...».*

(visitez le très intéressant blog de Nicolas, Toulouse, le « PotagerDurable.com »)

LA SOLUTION IDEALE
serait le « non travail du sol » appelé aussi « technique sans labour », pour ce faire :

- il faudrait appliquer sur toute la surface, la technique suivante :
  - garder le sol couvert par des végétaux toute l'année avec des cultures et paillis... permettant de conserver un sol humide,
- ajouter du compost maison,
- faire du compostage de surface (ce qui est très intéressant pour la terre), déposer les végétaux (coupés fins) directement sur le sol - ils se

décomposeront et amélioreront la terre,
- cela se fera toute l'année pour garder un sol vivant : ainsi, après une culture, les tiges des plantes, non consommables, pourront être coupées fines sur place :

- **en automne, le mélange de feuilles et de résidus de végétaux recouvriront le sol.**

les outils pourront être réduits...

. **la houe,** plus ou moins large ou fourchue, puis vous vous aiderez

. **d'une « griffe »** : (vous vous en servirez pour effacer les traces de pas, afin de ne pas laisser une terre tassée)...

. **la fourche-bêche**, munie d'un manche en bois :
- la bêche est formée d'un fer plat, tranchant et
- la fourche de dents en fer, intéressante car elle ne blesse pas les vers de terre.

. **la grelinette** (aérateur de jardin) *(l'inventeur, M. Grelin, Arbin 73)* :
- ressemble à la fourche mais possède six dents et deux manches : agréable car elle permet de
travailler en une seule fois, une surface plus grande. Elle est particulièrement intéressante pour la micro-agriculture bio-intensive.

. **la brouette,** en métal ou en bois (ou à moteur même), sera l'aide indispensable au jardinier, nécessaire pour les transports à travers le potager...

. **le plantoir,**
   utile pour creuser les trous de petites semences.

. **le cordeau,**
   nécessaire pour les plantations en ligne droite.

*

B/ le COMPOSTAGE de surface a des avantages :
Il permet de conserver une bonne terre riche en humus : la structure du sol va s'améliorer et devenant grumeleuse, elle sera plus facile à cultiver ;
- *le sol se trouve ensemencé en micro-organismes : un équilibre naturel va se créer ;*
- *vous aurez moins de travail : fini les corvées de nettoyage des restes de cultures et fini l'évacuation des mauvaises herbes après la récolte...*

*

C/ la TRANSFORMATION à partir d'un CHAMP ou d'une PRAIRIE :

a) - UN CHAMP ou UNE PRAIRIE :
   il s'agit d'une surface qui pourrait comporter des arbustes, aux branchages plus ou moins gros : s'ils sont importants,
- vous les brûlerez (conservant les cendres pour les répandre sur les cultures ultérieurement ou les ajouter au tas de compost) ;
- ... mais cela pourrait être également une surface de terrain avec toutes sortes d'herbes, de plantes (que vous ne brûlerez en aucun cas !) :

- à l'aide de votre râteau, vous « démêlerez » les plantes après les avoir coupées au sommet,
- puis, à l'aide de la houe ou de la bêche, vous soulèverez les « plaques » de racines ou les touffes d'herbes recouvrant le sol (en évitant de marcher dessus afin qu'elles ne se développent à nouveau dans le sol).

*

Si le chiendent recouvre votre terrain

> *Pourquoi les anciens ont appelé cette plante, chiendent ?*
> *Peut-être a-t-elle été ainsi nommée à cause de l'habitude qu'ont les chiens de s'en purger ?*
> *ou peut-être, est-ce dû au fait que certaines griffes qui croissent sur sa racine, ressemblent à des dents de chien ?*

Le chiendent est une espèce de graminée très commune, « le triticum repens », qui cause de grands ravages dans les cultures par la facilité avec laquelle elle se propage et par la difficulté à la détruire.

Les différentes espèces se ressemblent par les dommages qu'elles causent : leur végétation rapide fait qu'un seul pied a vite envahi un espace considérable. Leurs racines peuvent parfois atteindre 3 m de profondeur ; comme il s'agit de plantes vivaces, le moindre tronçon de rhizome suffit pour les propager. Les labours multiples subis par la terre peuvent même favoriser leur invasion... <u>si l'on n'a pas pris soin d'enlever les débris.</u>

Si vous souhaitez faire de votre terrain, un potager, vous devez nécessairement les éliminer !

Le chiendent est la mauvaise herbe par excellence mais peut avoir son utilité si elle pousse dans un terrain qui restera inutilisable pour la culture.

> **VOICI UNE MANIERE D'ELIMINER LES PLANTES A RACINE PIVOTANTE**
> – *après avoir ouvert le centre de vos plantes : vous déverserez à l'intérieur, un désherbant sélectif, biologique*
> – *et après quelques jours, vous arracherez l'herbe qui sera alors totalement morte...*

b) un TERRAIN ayant absorbé des produits chimiques :
- C'est un terrain fatigué, affaibli, qui devra petit-à-petit renaître à l'aide d'adjonction d'engrais organiques que vous ajouterez par petites quantités répétées.
- Il pourra s'agir, dans ce cas, d'une conversion longue, pouvant aller jusqu'à trois ans : cependant, après quelques années, au lieu du labourage d'automne, quelques « coups de griffe » au printemps (avant les semis) suffiront.

*

D/ le taux d'HUMUS

Il sera bon, lors du démarrage d'un jardin potager, après qu'il ait été complètement préparé, de faire analyser le taux d'humus dans le sol ... pour connaître la qualité du terrain.

L'humus d'un sol provient de sa décomposition ; la fermentation des matières donnent naissance à des produits minéraux (gaz carbonique, eau, ammoniaque, nitrate...) ainsi qu'à des résidus organiques hydrocarbonés.

Afin d'obtenir le taux d'humus :

1° - vous pourrez envoyer un échantillon de votre terre à un **laboratoire agronomique** (il y en a un, par département) qui vous fournira les renseignements précis quant aux résidus de produits toxiques s'il y en a, et surtout le PH : *Potentiel Hydrogène des terres (soit acides, soit basiques..),*

2° - cependant, les grainetiers possèdent - également – des testeurs que vous pourrez utiliser...

Selon les résultats, des rééquilibrages pourront être apportés à l'aide d'engrais. Tous les sols cultivés renferment de l'humus :
- les bonnes terres arables peuvent en contenir 3 à 6%,
- les terres de jardin, qui reçoivent une bonne fumure, peuvent en contenir beaucoup plus.
- *La nutrition des plantes est favorisée par l'humus qui, par ailleurs, leur constitue une réserve alimentaire.*

« Semez et plantez quelque jour, quelque quartier de lune, que ce soit ! Je vous réponds d'un succès égal de vos semences et de vos plants pourvu
qu'ils ne soient point défectueux, que votre terre soit bonne, bien préparée et que la saison ne s'y oppose pas ».

Jean-Baptiste de La Quintinie (1626/1688), avocat, jardinier, agronome ; créateur du Potager du roi, à Versailles.

E/ une PROTECTION des cultures peut être nécessaire contre les parasites ou phytophages (ou herbivores, se nourrissant de végétaux), contre les accidents climatiques, ou contre l'environnement pour les plantes fragiles...

a) il pourra s'agir de placer des éléments auxiliaires, utiles, contre les ennemis des cultures, par exemple : pose de nichoirs, haies, lézards, zones-tampon autour des cultures... ou de nématodes (vers), etc...

« schéma d'une barrière anti-limaces et escargots »
Tél. par RedBurn. ; est distribué sous licence CC BY-SA 3.0. Wikipedia

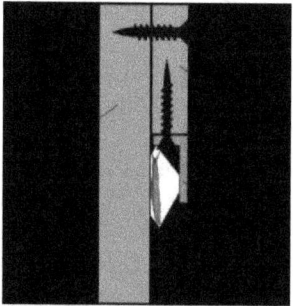

b) de cultures associées : système cultivant plusieurs espèces végétales ou variétés sur la même parcelle ...
ou **de cultures intégrées...**

*

LA ROTATION DES CULTURES, l' ASSOLEMENT pour REGENERER LES SOLS

une agriculture durable, économiquement viable, sans nuisance sur la nature et sur les êtres vivants,

...pour cela, la rotation des cultures (l'assolement)

*

En agriculture ou simplement en jardinage, c'est une technique culturale intéressante qui a pour objet d'améliorer la fertilité des sols donc augmenter les rendements.

Lorsqu'il y a rotation des cultures : c'est une succession de cultures qui se reproduit dans le temps, qu'elle soit biennale, triennale, quadriennale ou plus parfois..

La rotation des cultures a des avantages certains :
- elle permet de rompre le cycle vital des organismes nuisibles, que ce soit les champignons, insectes ou petits rongeurs, etc...,
- elle permet de mieux contrôler les adventices (plantes indésirables où elles se trouvent, appelées aussi « mauvaises herbes »),
- elle permet de cultiver des plantes de familles différentes ou de systèmes radiculaires différents – ou, simplement, de choisir des cultures de printemps et des cultures d'hiver...
- Ce système de rotation sert à diminuer l'utilisation d'engrais ou de pesticides.. ce sera de ce fait, une économie importante pour l'agriculteur.
- Enfin, il y aura, avec l'agriculture durable,

petit-à-petit l'abandon du travail du sol et sa fertilité retrouvée, d'où un travail plus facile et une augmentation des rendements...

a) Idées de rotation...
**(l'assolement se fera toujours de la même manière :
il entraînera, en premier lieu,
la division de la surface du terrain
en 3 ou 4 parties qui seront traitées séparément...)**

- <u>pour les grandes surfaces, bien nettoyées :</u>
(sachant que les éléments primordiaux pour les plantes sont l'eau et l'azote)

1 - il est bon de semer (choix en fonction du climat...) : d'abord, **des légumineuses** (les légumineuses qui enrichiront le sol en azote, au bénéfice des cultures suivantes...),

2 - ensuite, la rotation s'effectuera en semant des **graminées**, des cultures exigeantes en azote : blé, colza, maïs, betterave... ;

3 – puis, <u>en sols superficiels :</u> en implantant des **légumineuses : féverole, pois, lupin...** ou **trèfle violet**... ;

<u>en sols profonds</u> : en implantant des **céréales telles qu'orge, avoine, triticale...** ;

4 – enfin, pour terminer : des **cultures nettoyantes, peu exigeantes : sarrasin, seigle** ...

- pour les jardins potagers, l'assolement aussi !

- Là, également, la rotation des cultures est souhaitée. En tout premier lieu, le jardinier divisera son jardin en quatre soles par exemple, sans oublier, dès le début, une surface disponible pour la fabrication de l'engrais (les légumineuses)...
Ce sera une organisation nouvelle qui permettra petit-à-petit de régénérer le sol parce que planter chaque année la même plante au même endroit, a pour résultat de l'épuiser à la même profondeur !
Grâce aux légumineuses qui l'enrichiront en azote : les légumes-feuilles, ayant besoin de beaucoup d'azote, prendront la place laissée libre par les légumineuses de la première rotation...

Les graminées / légumineuses se répartissent entre :

1 – les légumineuses « comme légumes » : haricot, pois, fève, lentille..

2 - les légumineuses « comme producteurs l'huile » : soja, arachide... avec comme sous-produits, les tourteaux pour l'alimentation du bétail..

3 - les légumineuses « comme fourrages » : trèfle, luzerne, sainfoin, mélilot, vesce, gesse..

4 – les légumineuses « comme fertilisants » :

(les racines des légumineuses présentent des

nodosités qui contiennent des bactéries fixant l'azote atmosphérique récupérée).

Les légumes dits « feuilles » comme les choux, salades, mâche, épinards... se plaisent en compagnie des solanacées comme les pommes de terre, tomates, poivrons, aubergines...

Les légumes dits « racines » comme les carottes, panais, radis, betteraves, navets, s'associent à merveille avec les légumes dits « bulbes» comme les oignons, échalotes, ail.

Les légumes dits « fruits » sont les melons, courges, potirons, citrouilles et concombres...

« de la famille des légumineuses (lupinus luteus) » *Auteur : Prof. Dr. Otto Wilhelm Thomé (1885) Wikipedia*

(cette plante de la famille des Fabiacées : légumineuses, comprenant le soja, le haricot, le pois, la lentille, la luzerne, le trèfle, le pois de senteur, la glycine ... etc. -
Il s'agit d'une famille de grande importance économique, source de protéines végétales, ne nécessitant pas d'engrais azotés – pour l'alimentation animale ou humaine. Le soja est une importante source de protéines en alimentation animale.)

*

les haies. -

- **POUR préserver l'équilibre écologique de notre environnement, remettre les haies au goût du jour (lorsque cela est possible !),** *supprimées du fait de l'aménagement du territoire et de la mécanisation des travaux agricoles.*
- **LORS des intempéries,** *elles évitent la dévastation des régions... et jouent un rôle de brise-vent. Par ailleurs, elles régulent les flux aquatiques car les arbustes comme les arbres, filtrent les nitrates, freinant la pollution des nappes phréatiques.*
- **DE PLUS, dans un paysage,** *les haies, souvent végétation spontanée, évitent le « sentiment du vide », la monotonie : c'est l'âme du paysage ... les haies sont vivantes et offrent un abri aux insectes, aux oiseaux..*

*

Des financements possibles
- Depuis plusieurs années, des politiques incitatives en faveur des haies existent et favorisent le développement de ces éléments paysagers :
- Aides du Conseil Régional,
- Aides de la Fédération Départementale des Chasseurs.
- Chacun de ces dispositifs d'aides répond à un cahier des charges bien précis.

« Agricultures et Territoires, Chambre d'Agriculture 08, 51 ...

*

Exemple de rotation de cultures, pour une durée de 4 années : sur chacun des soles du terrain seront plantés ...

(dans chaque catégorie, les légumes sont cités à titre d'exemple)

a) premier sole :
- 1ère année : légumineuses (haricot, pois, fève ou lentille..),
- 2ème année : légumes-feuilles (mâche, choux, salade, épinard...),
- 3ème année : légumes-fruits (tomate... melon, courge, potiron, citrouille et concombre...)
- 4ème année : légumes-racines (carotte, panais, radis, betterave, navet) qui s'associent à merveille avec les légumes dits « bulbes» comme : oignon, échalote, ail....

b) second sole :
- 1ère année : légumes-racines (carotte, panais, radis, betterave, navet) qui s'associent à merveille avec les légumes dits « bulbes» : oignon, échalote, ail...).
- 2ème année : légumineuses (haricot, pois, fève ou lentille..),
- 3ème année : légumes-feuilles (choux, salade, mâche, épinard...),
- 4ème année : légumes-fruits (tomate, melon, courge, potiron, citrouille et concombre..)

Phot. Roger Culos   Tel. par Ercé   Wikipedia
« ***de la famille des légumineuses*** *(lupinus luteus)* » *; plante présente à l'état sauvage dans le bassin méditerranéen ;*
(Jardin botanique Henri Gaussen) » *Muséum de Toulouse*

(cette plante comprend le soja, le haricot, le pois, la lentille, la luzerne, le trèfle, le pois de senteur, la glycine ... etc. -
Famille de grande importance économique, source de protéines végétales ne nécessitant pas d'engrais azotés – pour l'alimentation animale ou humaine.
Le soja est une importante source de protéines en alimentation animale.)

c) *troisième sole :*
- 1ère année : légumes-fruits (tomate, melon, courge, potiron, citrouille et concombre..)
- 2ème année : légumes-racines (carotte, panais, radis, betterave, navet) qui s'associent à merveille avec les légumes dits « bulbes» : oignon, échalote, ail...).
- 3ème année : légumineuses (haricot, pois, fève ou lentille..),
- 4ème année : légumes-feuilles (mâche, choux, salade, épinard...),

d) quatrième sole :
- 1ère année : légumes-feuilles (mâche, choux, salade, épinard...),
- 2ème année : légumes-fruits (tomates... melons, courges, potirons, citrouilles et concombres..)
- 3ème année : légumes-racines (carotte, panais, radis, betterave, navet qui s'associent à merveille avec les légumes dits « bulbes» : oignon, échalote, ail...).
- 4ème année : légumineuses (haricot, pois, fève ou lentille..),

*

b) *« dessin de Christian ANDRE, « le plan-type du Potager ».*
(ce n'est qu'un exemple ! mais... pensez aux légumineuses !)

*

POURQUOI L'AZOTE

L'Azote **récupérée** élimine les intrants et ne coûte rien !

Dans la rotation des cultures ... importance de l'azote

L'azote est un constituant majeur de la matière vivante : les végétaux l'utilisent pour leur nutrition - cependant, les animaux ne l'utilisent que par le biais des matières organiques dont ils se nourrissent, l'azote minéral.
« Ils assimilent les nitrates et sels d'aluminium de la solution du sol, par les racines ». Par contre, s'il y a carence, la plante deviendra insuffisamment développée, les feuilles jauniront car déficit de synthèse de la chlorophylle.

L'azote est le carburant de la plante qui la prélève dans le sol : nutrition du monde vivant ...
les bactéries du sol, les « micro-organismes » sont « fixateurs d'azote ».

D'où provient l'azote ? et conséquences des excès d'azote, de nitrates...
Les nitrates (nitrates de potassium, nitrates de sodium, etc...) contiennent de l'azote qui est un des constituants de la croûte terrestre.

L'azote provient essentiellement d'animaux et, sous la forme de guano, d'excréments d'oiseaux ou de chauve-souris mais aussi, parfois, de déchets industriels. Elle est exploitée sous forme d'engrais, fertilisants ajoutés, dont l'épandage se fait souvent en dose massive.

Or, si l'apport est trop important, il y aura un appauvrissement du sol, une baisse du rendement des cultures et de ce fait, de la rentabilité de l'exploitation.

Enfin, il faut savoir également qu'azotes, nitrates, s'ils sont également en trop grande quantité : ce sera non seulement les plantes qui en pâtiront mais aussi les micro-organismes qui sont dans la terre, et petit-à-petit, les nappes phréatiques qui seront imbibées. Tout pareillement, en zones côtières : dans l'eau des rivières, il se manifestera la prolifération d'algues bleues-vertes dans les eaux de surface, du fait de la raréfaction de l'oxygène... Tout cela joue sur la santé humaine. Les eaux ne seront plus potables !

Mais... lorsqu'il y a ROTATION DES CULTURES : ce sont les légumineuses (la première rotation) qui apportent l'azote nécessaire aux rotations suivantes, grâce aux nodosités présentes au niveau de leur système radiculaire...

La famille des légumineuses se caractérise par la capacité à fixer l'azote de l'air. Cette fixation est due à la présence de **bactéries du genre Rhizobium leguminosarum** *présentes dans les nodosités des racines. Les nodosités sont ainsi le lieu d'une activité symbiotique : la plante fournit les substances carbonées aux bactéries, et les bactéries fournissent à la plante les substances azotées synthétisées à partir de l'azote atmosphérique.*

AU NIVEAU MONDIAL : on estime à 100 millions de tonnes par an, la masse d'azote atmosphérique fixée par les légumineuses, ce qui est comparable à la production d'AZOTE PAR L'INDUSTRIE CHIMIQUE.

Extrait: « les Légumineuses comment ça marche ! » www.afpf-association.fr

Les chaînes alimentaires

Les bactéries assimilant l'azote ammoniacal, seront ingérées par des protozoaires qui alimenteront les crustacés dont se nourriront les poissons – qui pourront eux-mêmes fournir la matière première à une fabrique d'aliments de bétail, bétail lui-même destiné à la consommation humaine.

A chaque étape, l'azote absorbée est éliminée sous forme d'excréments... qui pourraient être recueillis dans une fosse à METHANE puis dans des fours pour combustibles... ?

Les légumineuses arbustives...
(la production ou la fixation d'azote)

- la luzerne arborescente (Medicago arborea), appréciée par les lièvres et les chevreuils,
- le pois de Sibérie (petites gousses très appréciées des volailles),
- pour régions chaudes : la Tagasaste (Chamaecytisus Palmersis ou arbre luzerne : très mellifère ...)
- le faux indigo (Amorpha fructicosa) : arbuste intéressant pour nourrir les animaux, moutons, chevaux ; très résistant à la sécheresse,
- le mûrier, intéressant pour les volailles mais tous les animaux viennent en manger,
- le margousier a des propriétés insecticide/insectifuge (pour 300 espèces d'insectes environ)... mais il est aussi mellifère.

Emmanuel Chemineau, petit extrait d'une Journée de formation de « Sol de Vie ». www.journées.paysannes.org

« le cycle de l'Azote dans le sol »
Tel. par Nojhan ; est distribué sous licence
CC BY-SA 3.0.   Wikipedia

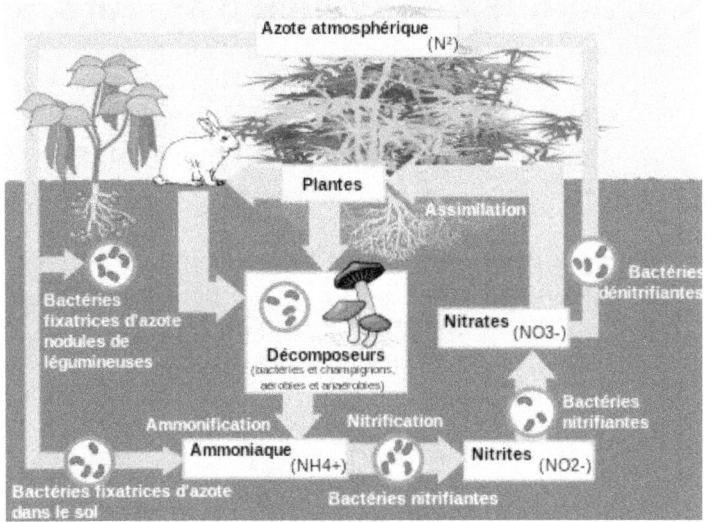

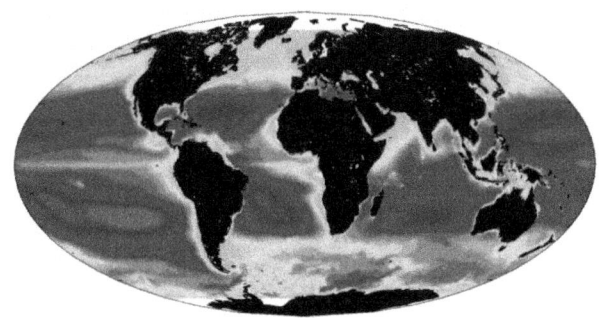

« teneur moyenne des eaux marines de surface
en chlorophylle (SeaWIFS) pour la période 1998-2006
(attention : échelle logarithmique) ».
Auteur : Plumbago ; est distribué sous licence CC BY-SA 3.0.
Wikipedia

Quelques nouvelles d'ailleurs ?

Estimations de la « France agricole » : les Actualités agricoles) ; mars 2015

Pour le maïs, en Europe les rendements ont été estimés en moyenne à 7,22 t/ha pour la récolte de 2013, contre 6,08 t/ha en 2012...
http://www.lafranceagricole.fr

... mais selon la méthode de « rotation des cultures »... :

> ... Christian Couvrette avait un bon pressentiment.
>
> « Je n'en revenais pas de voir le rendement, raconte-t-il : (...) à l'oeil, il estimait le rendement à 15 Tm/ha (6 tonnes à l'acre).
>
> « **C'était le 6 octobre, à Sainte-Scholastique (Mirabel)**. Quand l'équipe du semencier ... est arrivée sur place pour la pesée officielle, on a dû s'y reprendre à trois reprises à tel point le résultat était improbable : **17 Tm/ha (6,9 tonnes à l'acre).**
>
> « L'euphorie a vite gagné le producteur et ses deux fils, Jean-Philippe et Louis-Clément. Ils ont pourtant l'habitude des records...

« **En Ontario et au Québec,** les producteurs de maïs-grain estiment avoir un très bon rendement lorsqu'ils atteignent ou dépassent 10 Tm/ha (4 tonnes à l'acre)....

« ... Il s'agit d'un retour de maïs (deuxième année en maïs), dans un champ qui a été labouré. La *fertilisation minérale* a été appliquée aux semis seulement et il n'y a eu aucun désherbage...

« *Quel est donc le secret? Il y a d'abord les longues rotations, qui incluent quatre ans de luzerne, une ou deux années de maïs, un an de soya et un an de petites céréales. Le fumier du troupeau laitier contribue aussi à améliorer la qualité du sol.* »

« *Christian Couvrette ne s'en cache pas : il cultive sur d'excellents sols, qu'il prend soin de ne pas compacter. Ses sols comprennent une couche de terre noire dont l'épaisseur varie. Ils ont une structure à telle point idéale qu'ils n'ont pas à être drainés. Il s'agit de terrain qui a longtemps été laissé en friche et qu'il a lui-même remis en culture le long des pistes d'atterrissage de l'aéroport de Mirabel.* »

Fidèle abonné du journal Agricom – le Bulletin des Agriculteurs
Québec – Canada

quelques types de cultures ...

(auxquelles s'ajoutent : les polyculture, culture vivrière, permaculture ... , détaillées, page 141 « les systèmes culturaux »...).

*

(sachant que la première rotation, dans la technique de l'assolement, reste destinée aux légumineuses).

*

« écoquartier E.V.A. Lanxmeer », construit dans la ville de Culemborg aux Pays-Bas. **La permaculture permet aux habitants de mieux vivre et de se nourrir en partie des produits récoltés sur place.** *- GFDL – Auteur Lamiot*

*

LES CULTURES ASSOCIEES

Il s'agit d'un système cultural attractif, rentable, particulièrement adapté à l'agriculture durable, car protégeant l'environnement ;

- il peut y avoir deux ou plusieurs espèces semées en même temps par exemple une plante potagère et une légumineuse,

« la lavande et les plantes aromatiques en bordure...

au Jardin potager du château de Villandry »

- et on parle d'agroforesterie lorsqu'on associe les plantes potagères et les arbres...

Voici quelques exemples de cultures associées *(le nombre de cultures associées est très vaste...)*

- le piment (qui est un révulsif) associé à une culture de café,
- l'ail à proximité des tomates,
- les crotalaires (nom générique de 200 espèces de légumineuses du monde entier) au milieu de plantes vivrières... du maïs - améliorant le sol, repoussant les mauvaises herbes,
- l'association des cultures et de l'élevage ou l'association des cultures et arbres : l'agroforesterie...
- le système cultural (notamment de riz) intégré : graminées-poisson en Chine,
- mais aussi arbres associés aux céréales et à l'élevage, etc..

---

la Féverole (de printemps et d'hiver) associée à l'avoine : Performances économiques et environnementales :

« **Des atouts environnementaux** : Introduire une féverole dans la rotation permet une réduction sensible des impacts environnementaux liés à l'absence d'engrais azotés, en particulier une moindre consommation d'énergie fossile, moins d'émission de gaz à effet de serre et de gaz acidifiants.   Des débouchés variés - Des prix attractifs pour l'alimentation humaine en Egypte et au Moyen-Orient ... »

<u>Guide de culture</u>, pratique : <u>site « unip.fr »</u>, *document financé par l'Union Nationale Interprofessionnelle des Plantes riches en protéines, avec le soutien du ministère de l'Agriculture et de France Agrimer.*

Le Trèfle blanc dans le blé : « Beaucoup d'éleveurs ont remarqué que les vaches laitières produisent davantage lorsque le trèfle blanc est abondant dans leurs prairies. De plus, le trèfle blanc ne demande pas d'engrais azoté, fournit de l'azote au sol et dure longtemps... »

<u>Sélection, production : site « prairies-gnis.org/pages trefblanc.htm »</u>.

LES CULTURES INTEGREES

Cette agriculture est différente de l'agriculture raisonnée. Elle est une agriculture respectueuse de l'environnement : c'est une « conception de la protection des cultures » pour éviter les produits chimiques...

(Insee : la « filière intégrée » veut dire un accord entre plusieurs branches). Il s'agit de relier entr'eux, par des contrats de filières, un certain nombre de produits, à un certain degré de leur évolution... en vue d'une organisation commune... ce sera pour les outils, le transport, la logistique et le secteur des ventes.

En agriculture, ce sera

- la filière des énergies renouvelables,
- la filière forestière : bois, énergie,
- la filière agro-alimentaire,
- le commerce équitable,
- la filière palourde / le thon rouge & le fumage de l'anguille ;
- la filière intégrée « algues » : algues de mer, producteur de plantules d'algues en éclorerie terrestre, transformation en usine et extraction de molécule à haute valeur ajoutée par des entreprise de chimie fine... etc...
- **Une multitude de diversifications...**
  agrotourisme :

« Ouvrir un camping à la ferme, accueillir les enfants, transformer ou vendre ses produits ... ne s'improvise pas. Ces activités dites de diversification sont complémentaires à l'exploitation agricole et doivent être menées avec le plus grand professionnalisme. La Chambre d'Agriculture des Ardennes avec son pôle « diversification -

tourisme » a su mettre en place les compétences pour répondre aux besoins des porteurs de projet. ... « Chambres d'Agricultures... »

> – ou la Méthanisation à la ferme et Conditions d'achat électrique : « TEXTES GÉNÉRAUX MINISTÈRE DE L'ÉCOLOGIE, DU DÉVELOPPEMENT DURABLE, DES TRANSPORTS ET DU LOGEMENT Arrêté du 19 mai 2011 <u>fixant les conditions d'achat</u> de l'électricité produite par les installations qui valorisent le biogaz NOR : DEVR1113733A ...

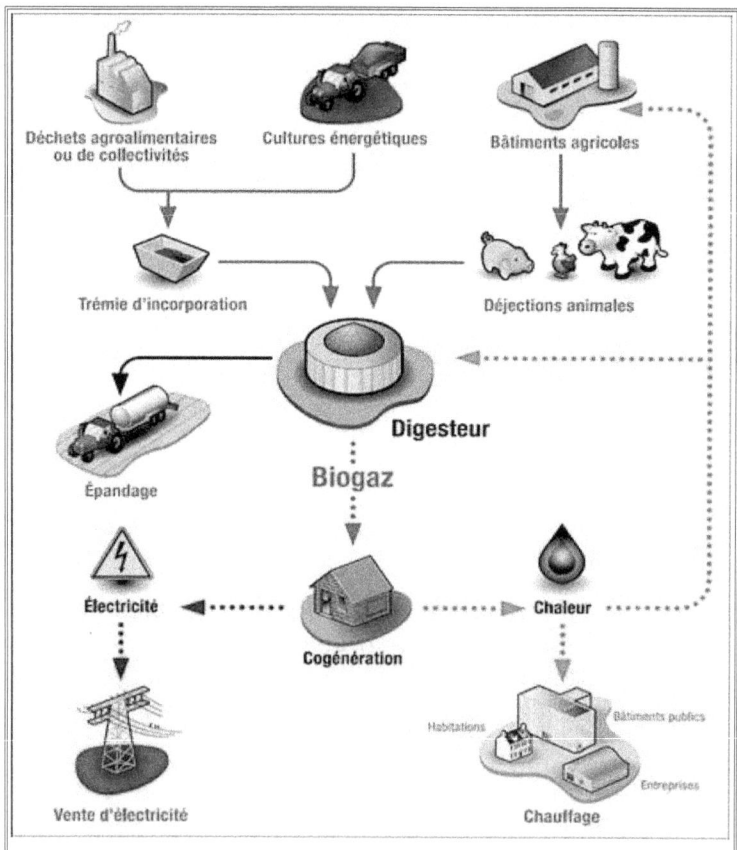

Le biogaz peut être valorisé de différentes manières : production de chaleur uniquement (combustion sous chaudière, pour des applications plutôt industrielles)... « **Agricultures et Territoires, Chambre d'Agriculture 08** »

*

LES GRANDES CULTURES

« En 2010, 30% des exploitations spécialisées en grandes cultures, sont des exploitations de grande dimension économique, contre 25% en 2000. Cette évolution correspond cependant à celle de l'ensemble des exploitations. Certaines cultures sont plus présentes au sein des grandes exploitations. Par exemple, 95% de la surface en pommes de terre et 90% de celle de betteraves y sont implantées. La surface de ces cultures augmente depuis 2000, alors qu'elle recule dans l'ensemble des exploitations. Cette spécialisation est moindre pour les autres cultures. »
www.agreste.agriculture.gouv.fr

---

ayant trait aux grandes cultures :
ROTATIONS COMPLEXES

Rotations avec différentes cultures du même type.
EXEMPLE :
Orge - Blé d'hiver - Maïs - Tournesol - Sorgho - Soja ou bien Orge - Colza - Blé - Pois. Cela se rapproche de l'exemple des rotations simples additionnées, l'Orge remplace un des Blés, le Sorgho remplace un Maïs et le Tournesol remplace un Soja.

AVANTAGES : Ce type de rotation est capable de créer de nombreuses combinaisons et durée de retours d'une même culture. Si les cultures sont sagement choisies il y a moyen de bien répartir le travail. Cette approche est efficace pour lutter contre des maladies spécifiques à une culture comme le nématode à kyste sur soja, phoma sur colza ou la chrysomèle sur maïs. Les maladies telles que la pourriture blanche qui ont des hôtes multiples répondent de la même manière que dans les rotations simples additionnées...

Extrait « www.agriculture-de-conservation.com »

a) les plantes et maladies transmises

Sur les bords des chemins, on rencontre le **Vulpin des champs,** il s'agit d'une plante fourragère – visible parfois dans les prairies ou dans les friches. Envahissante, elle est considérée comme une mauvaise herbe dans les champs de céréales. Cette plante se reproduit par des graines : chaque pied peut produire jusqu'à 3 000 graines et la pollinisation se fait par le vent.

Apparaît alors un miellat, liquide épais et visqueux, provoqué par des **champignons du genre claviceps purpurea** sur le seigle ; ce miellat attire les insectes...

C'est après une utilisation intensive d'herbicides que le développement d'une variété de vulpin des champs, résistante, posa des problèmes aux paysans - car, dans les champs de céréales, elle permet l'amplification de ***l'ergot du seigle,*** *servant de plante relais.*

*

Page suivante :
*1 - « **(Vulpin des champs)** Alopecurus myosuroides (« queue de renard des champs »)* » *Auteur Kurt Stüber ; est distribué sous licence CC BY-SA 3.0.*
*2 - « miellat dû à une **attaque d'ergot du seigle** » Auteur Dominique Jacquin ; est distribué sous licence CC BY-SA 3.0.*
3 - « ergot de seigle sur le seigle (Secale cereale) » Tel par Rasbak ; est distribué sous licence CC BY-SA 3.0.
4 - « Stromas germant sur un sclérote » Auteur : Odile Jacquin ; est distribué sous licence CC BY-SA 3.0.   Wikipedia

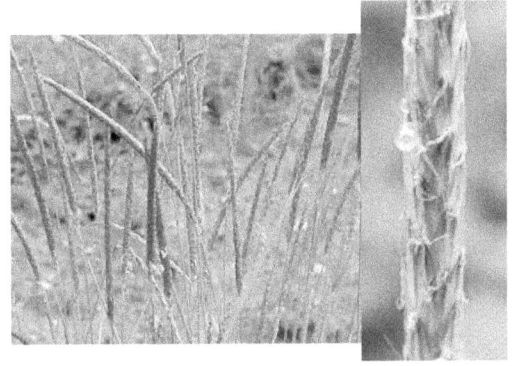

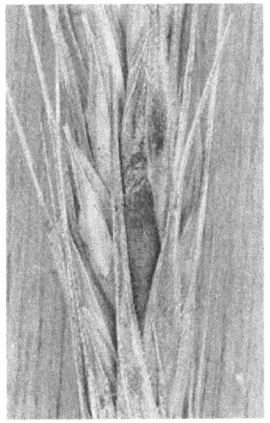
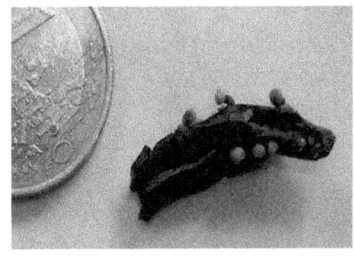

L'ergot du seigle (claviceps purpurea) est un **champignon**, parasite du seigle et d'autres céréales. C'est un agent toxique responsable **de maladies** aux **signes convulsifs** ou aux signes **gangrèneux, oedèmes**... ou **nécroses des tissus**.

Il est responsable de **l'ergotisme**. Le signe distinctif de l'ergotisme causé par le champignon claviceps purpurea est la **présence d'un sclérote** (en lieu et place d'une graine) ; ce sclérote produit des alcaloïdes très dangereux pour l'homme.

Les sources de contamination proviennent souvent de graminées « hôtes » en bordure des champs : l'ergot du seigle peut parasiter bien des espèces de céréales.

*Il y a lieu alors de limiter **l'inoculum** (substance contenant des germes vivants) en vue d'immuniser la céréale, ou éventuellement la guérir : il faut alors utiliser des **semences indemnes de sclérotes** ou de fragments de sclérotes.*

... et la nécessité de faucher soigneusement les abords des terrains, mais aussi de faire un **désherbage antigraminée** afin de limiter les plantes relais ...

« *le **désherbage d'automne** diminue fortement la contamination d'alcaloïdes dans la récolte : l'agriculteur maîtrise ainsi le risque sanitaire et économique.* »
ADAMA France, 92316 Sèvres Cédex - information.fr@adama.com

*

Rotation des cultures (« **INFLOWEB**
(connaître et gérer les plantes adventices) »
(Les principes de la lutte agronomique) - (quelques partenaires du projet INFLOWEB : ARVALIS : Institut du végétal, INRA, ACTA : Réseau des instituts des filières animales, etc...) :

« Les vulpins germent préférentiellement *dans les colzas et les céréales d'hiver* semées tôt.

L'introduction de cultures de printemps et d'été dans la rotation casse le cycle de l'adventice. En diversifiant les cultures de la rotation, a fortiori en **choisissant des espèces dicotylédones**, on élargit la panoplie des substances actives efficaces. »

En effet, l'ergot du seigle contient des alcaloïdes polycycliques, qui sont responsables des toxicités en alimentation humaine et animale...

Qui ne se souvient de « l'Affaire du pain maudit » qui eut lieu en 1951, à Pont-Saint-Esprit. Il s'agissait d'une intoxication attribuée au pain ayant contenu l'ergot du seigle : des morts et des dizaines d'internements en Haute-Provence, sans compter les centaines de victimes atteintes plus ou moins gravement.

Cependant, les plus graves épidémies d'ergotisme eurent lieu avant cela : c'est ainsi que François Quesnay, le médecin de Madame de Pompadour, se pencha sur la **« gangrène des Solognots »** et découvrit que cette maladie était provoquée par la consommation de seigle avarié (en cette période de famine, les habitants fabriquaient leur pain avec toutes les sortes de grains, ou leur bouillie).

MINISTERE DE L'AGRICULTURE, DE L'ALIMENTATION, DE LA PÊCHE, DE LA RURALITE ET DE L'AMENAGEMENT DU TERRITOIRE
Direction générale de l'alimentation
Service de la prévention des risques sanitaires de la production primaire ;
Sous-direction de la qualité et de la protection des végétaux
Bureau des biotechnologies, de la biovigilance et de la qualité des végétaux.
Adresse : 251, rue de Vaugirard - 75 732 PARIS CEDEX 15
www.fredon-lorraine.com
*

Objet : **Etat des lieux sur l'ergot des céréales (Claviceps purpurea) et rappels règlementaires en début de campagne 2011.** Références : (entre autres...)
- Règlement (CE) n° 178/2002 du Parlement européen et du Conseil du 28 janvier 2002

établissant les principes généraux et les prescriptions générales de la législation alimentaire, instituant l'Autorité européenne de sécurité des aliments et fixant des procédures relatives à la sécurité des denrées alimentaires.
- Règlement (CE) n° 852/2004 du Parlement européen et du Conseil du 29 avril 2004 relatif à l'hygiène des denrées alimentaires.
- LDL/MUS/2009-0121 du 17 juillet 2009 : E.

Résumé : **L'objet de la présente note** est de rappeler, en début de campagne 2011, la vigilance qu'il est nécessaire de continuer à exercer vis-à-vis de l'Ergot des céréales, peu présent au champ en 2010, mais dont la résurgence régulière dans la dernière décennie, assure à ce parasite un établissement en tant qu'inoculum dans le sol de différentes régions céréalières, prêt à déclarer localement, de fortes attaques en cas de conditions favorables. Le message illustré en annexe peut renseigner les Bulletins de santé des végétaux...

*

Les données connues sur les facteurs favorisant l'apparition d'une épidémie d'Ergot sont les suivantes (entre autres...) :

1 - Effet des pratiques culturales (travail du sol, rotations, date de semis, date de floraison) :
entre autres ... bandes enherbées, date de récolte ; les rotations **riches en céréales à pailles,** hors avoine, ont tendance à favoriser l'implantation locale du champignon...

2 – Climat ambiant (hiver froid, printemps pluvieux)
Un hiver froid permet aux sclérotes en surface et dans les horizons superficiels du sol d'acquérir un bon pouvoir germinatif - et un minimum d'humidité du sol au printemps pour que cette germination ait lieu...

3 – Localisation et état de salissement de la parcelle
Les parcelles les plus touchées (épicentre de l'épidémie)

semblent plus humides que les parcelles épargnées par l'épidémie : ce sont par exemple des parcelles en fond de vallée humide. Les parcelles de céréales dont le désherbage antigraminées est mal maîtrisé sont également plus touchées que les parcelles propres...

4 – Présence d'insectes
La présence de Cécidomyies semble coïncider avec les situations et les années à épidémie.

5 – Origine de la semence
Les semences de ferme sont susceptibles de présenter des taux de sclérotes plus élevés que les semences certifiées. Ces sclérotes sont une première source de contamination des parcelles qui en étaient indemnes.

o

b) Rappel des obligations des producteurs : rappelant aux producteurs leur responsabilité en tant que premier maillon de la chaîne alimentaire...

- 1 – Tenue de registre
D'après l'Arrêté du 16 juin 2009, Art.3,2°, les exploitants doivent indiquer dans leur registre : « Toute présence repérée d'organisme nuisible ou de symptômes susceptibles d'affecter la sécurité sanitaire des produits d'origine végétale destinés à l'alimentation humaine ou animale [...] et notamment les informations suivantes : le nom de l'organisme nuisible ou, à défaut, une description de l'anomalie constatée ; la date du premier constat.»

- 2 – Adoption de pratiques culturales permettant de limiter les contaminations :
- Privilégier le labour **après une épidémie** (car le labour enfouit les sclérotes à 4 cm : là où elles ne peuvent plus germer) ; (mais ensuite, dans un sol ayant subi une partielle contamination : **ne travailler le sol que superficiellement** afin d'éviter toute remontée en surface de ces sclérotes).
- Employer des semences certifiées ;
- Contrôler le développement des graminées adventices

- Faucher les graminées sauvages avant floraison (sauf avis contraire par arrêté préfectoral en raison de la préservation de la faune sauvage) ;
- Autocontrôle possible à la ferme ;
- Tri admis ;
- Elimination des déchets (sclérotes) (à brûler de préférence).

- 3 – Retrait/rappel des lots contaminés dépassant les seuils

Les lots de céréales dépassant les seuils indiqués, préjudiciables à la santé, ne peuvent être mis sur le marché dans la chaîne alimentaire [articles 14 et 15 du règlement (CE) n° 178/2002].

*

c) la VIGILANCE s'impose pour limiter l'extension du champignon sur le territoire.

1 - Conseiller l'emploi de semences certifiées

En 2009, seulement 57% des emblavements en blé tendre étaient réalisés avec des semences certifiées ; les autres surfaces (43%) semées avec des semences produites à la ferme ou triées à façon, pour lesquelles certains lots pouvant être non conformes.

En matière de semences certifiées, la norme est de 3 ergots ou morceaux d'ergot par 500g. En 2009, 97,5 % des lots de semences certifiées étaient totalement exempts du parasite.

2 – Pas de traitement autorisé

Il n'y a pas de produit autorisé pour lutter contre l'Ergot, ni sur semence, ni en végétation. Les graminées sensibles à l'Ergot : vulpin, ray-gras et chiendent servant souvent de « plantes relais ».

3 - Surveillance en végétation

Surveiller en bordure de champ l'apparition des sclérotes. En cas de détermination du champignon sur graminées prairiales ou sur céréales, des échantillons d'ergot pourront être envoyés séparément, pour analyse des

alcaloïdes réciproquement présents, à :
IFBM Qualtech 7, rue du bois Champanelle
54 500 Vandoeuvre-lès-Nancy
03 83 44 88 00
... une copie des résultats d'analyses sera transmise au BBBQV.

4 - Tri des lots contaminés

A priori, la mise en conformité de la céréale brute par tri est possible, ce qui signifie un tri mécanique mais non une dilution qui reviendrait à l'utilisation d'une matière première non conforme, ce qui d'après le règlement (CE) 178/2002 est interdit.

Le tri à la ferme est souvent limité par le manque de matériel adapté tandis qu'en coopérative un triage des lots peut être réalisé sur tables densimétriques.

Le triage colorimétrique au trieur optique permettant d'éliminer complètement la présence de sclérotes ou de fragments de sclérotes dans les lots de semence, est encore plus efficace mais plus long à réaliser.

---

5 - Destruction des sclérotes

Les sclérotes résultant du tri ne doivent pas être donnés aux animaux.

Les sclérotes peuvent être détruits par incinération ou être décomposés par un compostage classique avec enfouissement dans une fosse recouverte de terre pour éviter la dissémination des spores.

et :

Gestion des terres contaminées :
A l'issue d'une épidémie, un enfouissement des sclérotes par un labour doit être considéré comme une correction utile à conseiller même dans les régions où l'abandon du labour est devenu systématique.

Pourquoi pas instaurer une rotation des cultures entre deux céréales à pailles ?
Les dicotylédones ainsi que le maïs et le sorgho ne sont pas sensibles à l'Ergot et peuvent jouer un rôle dans l'interruption du cycle du champignon à condition que ces cultures soient indemnes de graminées adventives ou de repousses de céréales à pailles.

---

*

L'AGROFORESTERIE

Le système AGROFORESTIER. - permet de rééquilibrer le stock de carbone qui se trouve dans la couche arable (20 à 30 cm d'épaisseur) du sol. Or c'est le sol qui est le plus grand réservoir de carbone de la planète, mais qui a bien diminué au cours du 20ème siècle du fait en partie de la déforestation... En agroforesterie, l'arbre se trouvant isolé au centre d'un environnement cultural, poussera plus rapidement et, bénéficiant de la fertilisation des cultures, produira 3 fois plus de biomasse (matières organiques d'origine végétale) par arbre. Par ailleurs, la chute des feuilles améliorera les sols.

Pour une PROTECTION DE L'ENVIRONNEMENT. - selon l'INRA, le mélange des arbres et des herbacés permet d'augmenter les rendements des terres donc croissance économique, sachant que, sur une même parcelle, il est possible de planter plusieurs espèces de chaque. L'arbre devient ainsi protecteur des cultures enfonçant ses racines plus profondément dans le sol, permettant aux pluies de mieux s'infiltrer pour recharger la nappe phréatique ; et de même, du fait de la présence des cultures à la base de l'arbre, il poussera plus rapidement - s'il s'agit d'un arbre fruitier, sera plus productif. Enfin, la profondeur d'enracinement donne la possibilité de récupérer les nitrates, limitant ainsi la pollution des eaux.

« l'agroforesterie associant les arbres aux cultures potagères » :

Législation (Conditionnalité PAC et écoéligibilité...). - *en Europe, l'agroforesterie peut être subventionnée, sous certaines conditions : certaines surfaces agroforestières pouvant être considérées comme surfaces agricoles...* **c'est un plus !...**

> *Ce texte est un extrait de : www.agroforesterie.fr.*
> Les systèmes agroforestiers sont ancestraux et répandus dans le monde entier. En Europe, les arbres étaient traditionnellement présents au cœur et aux abords des parcelles. Certains systèmes ont perduré : pré-vergers, cultures intercalaires en peupleraies, noyeraies ou vergers fruitiers, truffiers et lavande ou vigne.

*

a) LES ARBRES ET CULTURES (des cultures associées..) (vu précédemment !)

Il s'agit d'un système cultural qui réapparaît car il présente de notables avantages. En effet, il associe, en même temps, sur une même parcelle... :
- la culture du semis et de la récolte d'une même espèce végétale simultanément ;

- ou deux espèces végétales, semées en même temps ou en différé, mais qui seront récoltées en même temps (par exemple : une céréale et une légumineuse) ;
- ou également, placer sur une même parcelle, des arbres et des céréales **(l'agroforesterie) :** parfois même de plusieurs sortes (des semis sous couvert)...

Les semis sous couvert peuvent permettre de produire deux cultures par an, sur la même parcelle : la première, destinée à l'alimentation et la deuxième, à la reconstruction d'un capital carbone dans les sols - ou valorisée énergiquement. Ainsi, la fertilisation du sol se trouve augmentée...
« ... d'où un retour au sol de près de 8 t. C/ha/an » - *(Institut de l'Agriculture durable)*.

Plantez un arbre :

> « en effet, un arbre absorbe le gaz carbonique par les feuilles, le transforme et rejette l'oxygène dans l'air. Un arbre adulte peut produire assez d'oxygène pour 18 personnes, selon sa taille et son espèce...

En plantant plus d'arbres, et en disant « halte » au déboisement, nous réduisons les émissions de gaz à effet de serre qui sont à l'origine de la hausse des températures des océans qui, à son tour, tue le plancton producteur d'oxygène....
C'est une autre raison pour laquelle les arbres sont appelés « les poumons du monde ».

Cependant, lorsqu'ils meurent et se décomposent, ils libèrent peu à peu le carbone qu'ils avaient absorbé - ils contribuent à la production de gaz à effet de serre et c'est pire lorsqu'il y a déboisement...

b) EXEMPLE : Lorsque M. GashawTahir, de retour dans son pays, l'Ethiopie, constate un univers dénudé, la dégradation du sol, la faune se fait rare et la température moyenne a considérablement augmentée, ce qui contribue à la poussée du paludisme : sur les douze rivières qui coulaient il y a des années, il en subsiste qu'une ou deux rivières qui coulent ... Il décide alors un programme de réhabilitation écologique du sol : reboiser la montagne : un hectare de terrain donné par la mairie.

Pour ce faire, son travail est de recruter d'abord 450 jeunes, qui pourront ainsi gagner de l'argent, musulmans et chrétiens, afin de promouvoir la coexistence des religions. (projet connu sous le nom de « Groenland Development Foundation »). D'autres terres ont été données. A ce jour, plus d'un million d'arbres ont été plantés. D'autres jeunes ont été embauchés... - et seront ajoutés des milliers d'arbres fruitiers qui serviront à contrer l'érosion du sol de manière durable, fournissant nourriture et revenu supplémentaire à la population.

M. Tahir a créé un Centre de Recherche agricole où les jeunes et leurs parents pourront apprendre les techniques nouvelles de culture... Les jeunes gagnent de l'argent, sont devenus autonomes, et retrouvent de l'espoir...

Actuellement, le paysage s'est modifié, il y a renouveau des pâturages et zones d'ombrages mais surtout baisse des températures. »

IIP DIGITAL USAMBASSADY GOV. - 2010.

*

c) Pour Garantir la qualité et quantité de l'eau

Une récente étude (Agroof, INRA, contrat Agence de l'eau Rhône Méditerranée Corse) a mis en évidence la capacité de dépollution des arbres.
Véritables filtres, ils limitent une partie de la lixiviation des nitrates, réduisant ainsi la pollution des nappes phréatiques.
Cette fonction est particulièrement intéressante pour la gestion des zones de captage en eau potable.
De plus, les systèmes racinaires des arbres augmentent la réserve utile en eau (exploitable par la plante) des sols, améliorent l'infiltration du ruissellement, limitent l'évaporation du sol...

Améliorer les niveaux de biodiversité, reconstituer une trame écologique :

Une parcelle agroforestière est biodiverse aux niveaux végétal, animal, mycorhizien, génétique...
La diversité des structures et des espèces de ligneux et d'herbacées
fournit des habitats et de la
nourriture pour un cortège floristique et faunistique important.
Elle permet de réintroduire des auxiliaires de cultures, abeilles et autres pollinisateurs, gibier, prédateurs...
et recrée une continuité écologique à l'échelle des territoires.

Stocker du carbone pour lutter contre le changement climatique :

99% de la matière solide de l'arbre provient du CO^2 atmosphérique : les arbres sont donc d'excellents puits de carbone. Un frêne à maturité séquestre par exemple près de 3kg de CO^2 par an. Les arbres permettent ainsi non seulement d'atténuer les effets du changement climatique mais participent aussi à la recapitalisation des sols en carbone, élément capital dans les cycles biogéochimiques et source de fertilité.

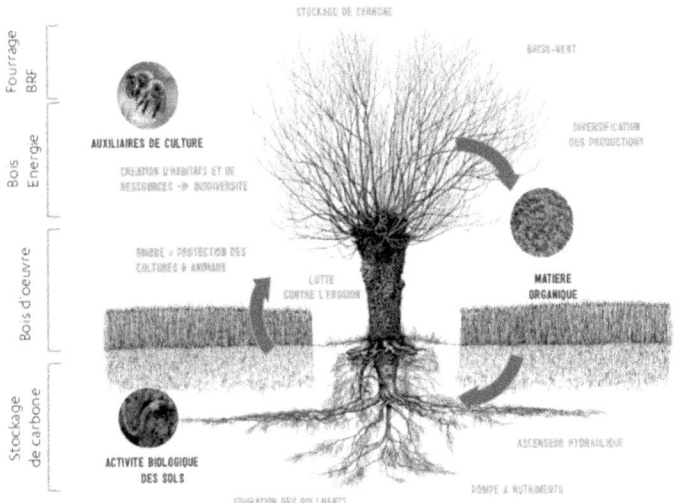

> *Les services rendus par les arbres ne bénéficient pas seulement à l'agriculture, la biodiversité et la qualité paysagère ; de nombreuses activités territoriales tirent également partie de leurs services:*
> *- la gestion de l'eau à l'échelle des bassins versants est très sensible à l'activité agricole,*
> *- la pérennité de l'apiculture dépend de la qualité et de la diversité des ressources,*
> *- la gestion de la nature dépend des habitats disponibles et de la continuité écologique,*
> *- la restauration humaine profite de produits de qualité, issus de filières durables,*
> *- les loisirs et activités de pleine nature (chasse, pêche, randonnée ...) nécessitent la présence d'arbres...* Extrait, site « *Association Française de l'Agroforesterie* ».

Dans les environnements émergés...

LES ESPECES NOSTOC ...

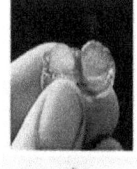

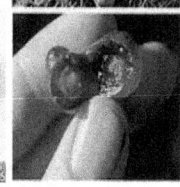

« *Nostoc pruniforme* » ; licence CC BY-SA 3.0. Auteur : Christian Fisher

« *forme de nostoc prélevée sur un bord de canal dans le nord de la France* » ; est distribué sous licence CC BY-SA 3.0 Auteur Lamiot

Wikipedia

Une grande partie du succès des **espèces Nostoc,** dans les environnements émergés difficiles, est liée à leur capacité de survie sous forme déshydratée, durant des mois ou des années, puis à se réhydrater en relançant très rapidement leur métabolisme (dans les heures qui suivent une pluie ou le contact avec de l'eau...) ; mais également leur résistance à des cycles répétés de gel ou dégel... possédant en outre la propriété de fixer l'azote atmosphérique (intéressant dans les milieux pauvres en azote ...) - jouant un rôle important dans la culture du riz paddy et la productivité biologique des rizières, en y fixant l'azote ...

*

LA METHODE ZAÏ

La méthode ZAÏ est une excellente technique culturale, réapparue depuis 1980, pour les régions manquant d'eau et surtout pour récupérer des terres incultivables.
Une bonne façon de cultiver : le zaï...

Au Burkina, surtout dans le nord du pays, les paysans cultivent, de plus en plus, selon la méthode du zaï. Cette méthode vient du Yatenga. Elle donne de bon résultats même quand la pluie est en retard, et même quand la pluie manque. Quand la pluie est là, les récoltes sont très bonnes.

Cette méthode est très valable pour les semences améliorées qui ont besoin d'une bonne nourriture.

Avant la pluie : Les cultivateurs creusent des petits trous dans leurs champs. Ils placent ces trous comme pour semer, en lignes et avec les bonnes distances entre eux (bons écartements).

Ils font ces trous plus grands que pour semer, ils les font grands comme une calebasse pour boire.

Ils remplissent ces trous avec du fumier bien décomposé ou du compost qu'ils apportent et ils ferment ces trous avec la terre tirée du trou.

Ils sèment tout de suite si la pluie peut venir vite ou bien ils sèment après la première bonne pluie.

Pourquoi cette façon de faire est intéressante là où il ne pleut pas beaucoup ?

Les trous boivent l'eau des premières pluies ; elle ne coule pas et mouille bien la terre.

Le compost ou le fumier décomposé retient bien l'eau : elle s'évapore moins vite et ça sèche moins vite que la terre, et les cultures ne souffrent pas trop si la pluie manque plusieurs jours.

Le compost ou le fumier sont une bonne nourriture pour les cultures : *les jeunes pieds de mil, de sorgho ou de maïs poussent vite.*

Dans la partie nord du Burkina, et même au centre, l'eau manquent souvent. Aussi, de plus en plus, les cultivateurs font de cette façon qui s'appelle zaï au Yatenga, son pays d'origine. Fais de même, tu ne seras pas déçu.

Extrait : www.abcburkina.net

*

L'EAU DANS l'AGRICULTURE DURABLE

a) l'appareil de Production et l'amélioration des systèmes de production

L'appareil de production est l'ensemble des moyens techniques organisés pour l'exploitation du domaine agricole. Dans chaque exploitation agricole, la bonne connaissance de l'appareil de production est l'élément qui permettra la performance dans le temps. En fonction des choix des productions, les appareils sont comparés en fonction de leur affectation, de leur qualité, de leur performance... l'analyse commence par l'étude des potentialités de chaque secteur : la terre, la main d'oeuvre (force du travail), les biens et les facteurs de production (intrants : semences, plants, engrais...).

Le système de production ou appareil de production, est la résultante **d'interactions** entre les **sous-systèmes** : milieu naturel (les écosystèmes) et milieu humain (l'organisation socio-économique)... En effet, les écosystèmes : le climat ou les sols, végétation, faune où l'homme a pu souvent intervenir, le modifiant - mais qui ont pu aussi évoluer, transformant les paysages et les productions. Dès l'origine, les techniques interviennent ; le producteur fera une agriculture de subsistance ou, en vue d'un commerce, à ce moment là, destinée à la vente ou en vue de troc entre cultivateurs, etc...

La terre, l'espace de production au sol plus ou moins fertile, plus ou moins dégradé parfois, comprend un ensemble, des parcelles parfois dispersées, propriété de l'exploitant. Lorsqu'il souhaite modifier ou simplement améliorer l'appareil de production, il mettra au point un plan de production, tenant compte de l'espace de production à transformer et de tous les facteurs - ainsi un plan de gestion - afin de définir le temps pour une évolution plus ou moins rapide.

b) la désalinisation

Le dessalement de l'eau de mer, appelé aussi dessalage ou désalinisation. - est possible suites aux diverses recherches faites par les chercheurs. Malgré la complexité et le coût élevé de ce procédé, beaucoup de techniques peuvent être utilisées pour dessaler l'eau de mer mais les plus fréquentes sont les suivants : le système d'osmose inverse et les procédés de distillation.

Aujourd'hui, l'**efficacité** de cette technique de dessalement est de 70%. Autrement dit, on peut extraire 70% d'eau potable dans l'eau de mer traitée et les 30% qui restent sont des solutions à forte concentration de sel. Ce procédé de dessalement de l'eau de mer coûte encore très chère et l'utiliser à grande échelle est compliqué. Il existe toutefois des techniques alternatives prometteuses pour produire des petites quantités d'eau.

L'autre procédé est la **distillation** (eau distillée). Plus vieille que l'ère chrétienne, cette technique consiste à chauffer un liquide dans le but d'obtenir son évaporation. Quand cette évaporation est recueillie et est redevenue à la température normale, on obtient de l'eau potable. Les chercheurs l'ont
pratiqué sur l'eau de mer et ont réussi à obtenir de l'eau potable à partir de sa distillation.

On distingue parmi les systèmes de distillation les plus utilisés notamment la distillation multi-effets, la distillation par dépression et la distillation par énergie solaire.
http://fr.wikipedia.org/wiki/Dessalement

*

EXEMPLE

Le Barefoot College en Inde. - a ouvert 549 écoles du soir en Inde, afin d'offrir des cours aux enfants qui ne peuvent pas aller à l'école le jour parce qu'ils aident leurs parents. - Ses cours pour adultes comprennent notamment une formation à la collecte de l'eau de pluie (www.globalrainwaterharvesting.org) et une autre où l'on apprend à construire des systèmes d'eau courante. Il existe aussi des cours d'artisanat pour aider les femmes qui restent à la maison à avoir un revenu.

http://www.wipo.int/wipo_magazine/fr/2009/03/article_0002.html

Rainwater Harvesting Tank in School

Rooftop
Pipe
Silt Tank
Underground Tank
Air Ventilators

Cross Section of Tank

> **Jerrican pour purifier l'eau**
>
> **Purificateur de l'eau** - L'ingénieur Michael Pritchard a inventé le filtre portatif Lifesaver (Vie sauve), qui peut transformer la plus répugnante des eaux en eau potable en une poignée de secondes.
>
> *Une étonnante et incroyable démo du TEDGlobal 2009. Just one pallet of LIFESAVER jerrycans is the equivalent of 1 Million litres of bottled water! Le jerrycan 10000 = 194 Euros-* info@@@lifesaversystems.com http://www.lifesaversystems.com/

*

LA LIMITATION DES POLLUTIONS :
de l'eau, de l'air, du sol...

Dans l'environnement, la pollution agit sur la santé humaine et sur celle des autres organismes vivants ; mais il existe de nombreuses sortes de pollutions ! pollution humaine locale, climatique, volontaire, involontaire, etc... - pollution atmosphérique – pollution électro-magnétique – émission radio-active – pollution sensitive – pollution sonore – pollution olfactive, etc...

a) **La pollution du sol.** - qui apparaît, ou suite à la présence d'une industrie polluante, ou suite à l'absorption massive d'engrais ou d'insecticides... touche les nappes phréatiques ; la pollution de l'eau peut avoir des conséquences sur la santé de l'homme et des animaux. Par ailleurs, la baisse de la qualité des sols peut provoquer une baisse des rendements des récoltes et de leur valeur nutritive. Parfois aussi, le tassement du sol par le passage d'engins lourds, ne laisse passer ni l'eau, ni l'air et les « recycleurs du sol (vers de terre) » sont détruits.

b) **La pollution de l'air ou atmosphérique.** - est due à des éléments nuisibles à notre santé.

Elle est due principalement, aux transports, chauffage des bâtiments, incinération de déchets, engrais azotés, pesticides ou émissions animales, employés dans l'agriculture, etc...

> *La loi sur l'air et l'utilisation rationnelle de l'énergie (LAURE)* de 1996, définit la **pollution atmosphérique** comme étant
>
> « *l'introduction de l'homme,* directement ou indirectement, **dans l'atmosphère ou les espaces clos,** de substances ayant des conséquences préjudiciables de nature à **mettre en danger la santé humaine, à nuire aux ressources biologiques et aux écosystèmes,** à influer sur les changements climatiques, à détériorer les biens matériels, à provoquer des nuisances olfactives excessives. »

c) **Ce sont des gaz souvent invisibles.** - comme le monoxyde de carbone (CO), les oxydes d'azote (NOx) et de soufre (SO^2) ou d'ozone ($O3$). Il y a aussi **des particules solides, d'origine minérale, métallique ou organique,** plus ou moins fines ; c'est à elles que les fumées doivent consistance et couleur. Cependant, ne sont pas considérées comme polluantes, la vapeur d'eau ou microgouttelettes d'eau en suspension donnant une fumée blanche.

> *Les Gaz à Effet de Serre (GES)* sont des composants gazeux de l'atmosphère : (l'enveloppe gazeuse entourant la terre).
>
> Les principaux GES sont : la vapeur d'eau ; le CO^2 (dyoxyne de carbone) ; le méthane ($CH4$) ; l'oxyde nitreux (H^2O) ; l'ozone, d'après la GIEC.
>
> *
>
> Quoique les principaux Gaz à Effet de Serre (GES) sont d'origine naturelle, certains d'entre eux sont dus à l'activité humaine   (voir tableaux précédents) : l'ozone ($O3$), le dioxyde de carbone (CO^2) et le méthane ($CH4$).
>
> **Lors de la Conférence environnementale de Paris, en décembre 2014, l'Union Européenne s'est formellement engagée à réduire de 40% d'ici 2030, les émissions de Gaz à Effet de Serre (GES).**

d) **la pollution de l'eau (organique, chimique...).** - ...il y a pollution lorsque des matières sont déversées dans l'eau, dégradant sa qualité mais parfois, la pollution peut être causée par la nature elle-même. Cette **dégradation** peut être physique, chimique, biologique ou bactériologique. La faune, la flore s'en trouvent détruites ou fortement perturbées.   Les causes peuvent provenir principalement :

   1 - de particuliers, agriculteurs, industriels qui jettent des matières organiques telles qu'ordures ménagères, excréments qui peuvent contenir des microbes : bactéries, virus, etc...

   2 – d'agriculteurs ou d'éleveurs dont les engrais, pesticides ou autres produits qui peuvent être source du développement de pollution et où peuvent croître des bactéries résistantes aux antibiotiques...

   3 – de commerçants, artisans qui utilisent des produits chimiques (nettoyage, peintures...) rejetés dans les égouts ; les produits médicamenteux

également, dans les eaux usées, provoquent une source de pollution...

4 – de même que les produits industriels : métaux, hydrocarbures, acides peuvent provoquer le réchauffement des eaux, etc... L'agriculture durable **limite** la pollution et **protègent** les cours d'eau, les nappes phréatiques... par ailleurs, grâce à la présence des stations de traitement des eaux, qui doivent respecter les réglementations des normes européennes et françaises, notamment concernant les normes de rejet des différents polluants.

*

L'EAU : LE DEFI D'AUJOURD'HUI ET DE DEMAIN

La ressource en eau constitue un enjeu transversal pour la santé, la protection de l'environnement, la sécurité alimentaire, l'éducation, l'énergie, le développement économique et l'aménagement du territoire.

Inégalement répartie à la surface du globe, l'eau est au cœur des politiques des pays développés, émergents, en transition et en développement qui doivent relever un double défi :

- enrayer la dégradation des ressources environnementales et des écosystèmes, conséquences de la croissance démographique, du développement économique et de l'urbanisation observés à l'échelle de la planète et permettre un accès universel à l'eau potable et à l'assainissement. Face à cette situation, la communauté internationale se mobilise depuis plusieurs années et s'est fixée un certain nombre d'objectifs :
- d'intégrer les principes du développement durable dans les politiques nationales et d'inverser la tendance de la déperdition des ressources environnementales ;
- de réduire de moitié, d'ici à 2015, le pourcentage de la population mondiale qui n'a pas accès à un approvisionnement en eau potable et à un service d'assainissement de base ;
- de développer des plans nationaux de gestion intégrée et efficiente des ressources en eau (GIRE), identifiant les carences, fixant les objectifs prioritaires et les moyens d'y parvenir et éclairant le rôle des acteurs. Ces objectifs, très ambitieux, impliquent la desserte de 900 millions de personnes en eau potable et de 2,6 milliards en assainissement d'ici 2015.

Ministère de l'écologie, du développement durable, de l'énergie.

a) **l'arrosage, en agriculture durable.** - comment prévoir que l'économie d'arrosage produit le meilleur effet si la température de l'eau a une température égale à celle de l'atmosphère.

L'eau sera répandue, sous forme de pluie fine, pour ne pas « déchausser » la plante ou former une mare. Par ailleurs, l'arrosage sera plus ou moins abondant selon les températures :
- **au printemps** : pendant la chaleur moyennement forte et la végétation en pleine activité, l'arrosage ne doit pas être très copieux ou trop souvent répété car cela retarderait la végétation en refroidissant la terre - ou en cas de chaleur prématurée : cela aurait pour conséquence, une élongation excessive des végétaux, les laissant sans force pour supporter les grosses chaleurs des mois qui suivent ;
- **en été :** les plantes devenues assez robustes, peuvent être arrosées en plus grande abondance, le soir de préférence.

L'eau, qui renferme des principes minéraux (dont le bicarbonate de calcium), les apporte au sol humecté, sous une forme assimilable par les plantes.

Elle constitue elle-même, un élément le plus utile de tous. La terre sera arrosée sans excès... car un excès d'eau serait très nuisible parce qu'alors le sol, privé d'air, c'est-à-dire d'oxygène, deviendrait un milieu impropre à la végétation.

*

b) **l'irrigation : (l'arrosage des cultures : l'« irrigation » lorsqu'on le pratique en « grande culture »...).** - l'irrigation remédie à la sécheresse tout en enrichissant le sol de matières dissoutes et des limons... sur des terrains qui auront obtenu des fumures adaptées...

Aussi, les terres pauvres, soumises à de copieux

arrosages, réclament des fumures copieuses surtout lorsque les eaux d'irrigation elles-mêmes ont un pouvoir fécondant faible ou nul : parce qu'elles ne déposent que peu de limon ou de valeur médiocre.

Le limon, dépôts de terre ou débris organiques qui sont charriés par toutes les eaux naturelles : des matières solides, de la terre, de la vase qu'elles entraînent, qu'elles **déposent** plus ou moins, dès que leur vitesse ralentit. Ainsi, les eaux pluviales apportent dans les mares, les fossés, les étangs, de fines parcelles terreuses, et quand elles débordent, **abandonnent** en se retirant, une couche épaisse de limon dont le pouvoir fertilisant est variable ; cela dépend de son origine et de sa richesse mais aussi de la nature des terres sur lesquelles elles se déposent.

L'eau, une fois recueillie par des moyens convenables :
forage de puits, captage de source, dérivation de cours d'eau, création de réservoirs... est distribuée par les systèmes suivants :
- irrigation par déversement : le sol est coupé de rigoles : l'eau se déversant sur plans inclinés..
- irrigation par planches : on dispose le sol en une série de gradins...
- irrigation par submersion... ou à l'aide de canons d'arrosage... etc...

c) **recueillez l' EAU DU CIEL .** - à la suite d'une réunion de son Comité de la Sécurité Alimentaire mondiale, la FAO s'est référée aux résultats bénéfiques d'expériences faites par plusieurs populations locales. Ce fut :
- la **récolte** de l'eau au Pérou, au Niger, au Burkina Faso...
- la **conservation** des sols et de l'eau,
- **l'irrigation** au goutte à goutte en Afrique du Nord...

> *Dans son message concernant la récolte de l'eau et le Développement rural intégré, Anil Agarwal, en novembre 2001, dit :*
>
> « ... j'ai parlé de ce que les gens avaient été capables de faire dans certaines localités de l'Inde pour remettre en état leurs terres dégradées, et des remarquables retombées économiques. Partout les choses ont commencé par la récolte de l'eau, puis les villageois ont pu mieux soigner leurs champs et leurs bêtes. Quand ils ont vraiment bien compris l'importance de l'eau dans leur environnement local, ils se sont intéressés de plus près, aux *bassins versants* qu'ils ont entrepris de protéger et de reboiser. Cela leur a apporté de nouvelles ressources : bois, fourrage... Tout ce processus a duré entre 15 à 20 ans mais au bout de *3 ou 4 années de récolte de l'eau,* les revenus globaux de bons nombres de villages avaient déjà augmenté de 4 à 5 millions de roupies (1 R = 0,15 centimes).
>
> « ... si au cours des 15 ou 20 ans qui viennent, le processus pouvait se reproduire dans chaque village....on verrait disparaître la pauvreté dans les campagnes et l'Inde doublerait son PNB, ce serait un progrès économique remarquable réalisé grâce à la mise en valeur durable de nos ressources naturelles.... au lieu de mettre en place des secours d'urgence en période de sécheresse, (il est nécessaire de) prendre les devants. ....
>
> L'histoire nous apprend que des milliers d'ouvrages construits au fil du temps sont tombés en désuétudes et dans l'oubli à cause de l'indifférence des dirigeants ... ».
>
> crisla (@) ritimo.org

AFIN DE CONSERVER L'EAU DU CIEL...

L'eau du ciel est gratuite. Elle servira pour arroser le potager, pour certains nettoyages mais aussi pour les W.C. Pour cela, faîtes une installation simple sous la gouttière. Placez une cuve avec un filtre - cuve que vous choisirez beaucoup plus grande que vos estimations. Ainsi, vous ferez beaucoup d'économies et vous n'aurez plus à craindre les périodes de sécheresse.

*

d) **le CYCLE DE L'EAU.** - « Le cycle de l'eau n'a pas de point de départ, **mais les océans semblent un bon point de départ.** »

« *schéma du cycle de l'eau* » *Tr. Monika Michel, Agence de l'Eau Artois-Picardie, France* Wikipedia

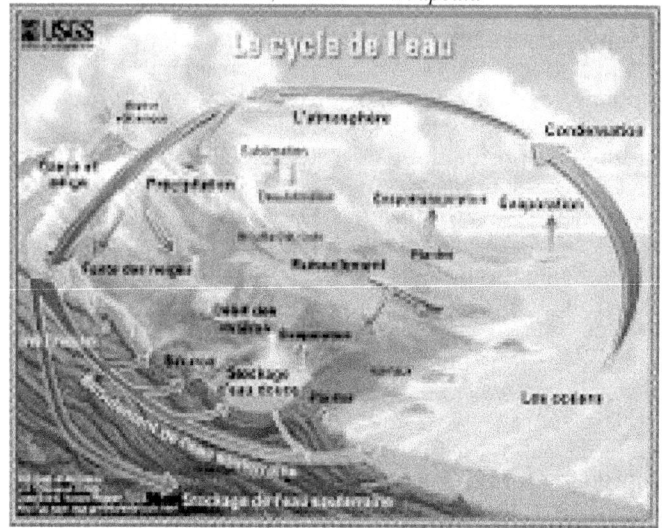

Le soleil réchauffe l'eau des océans ; celle-ci s'évapore dans l'air. Les courants d'air ascendants entraînent une vapeur dans l'atmosphère où les températures plus basses, provoquent la condensation de la vapeur en nuages.

Les courants d'air entraînent les nuages autour de la Terre, les particules de nuages se heurtent, s'amoncellent et retombent sous forme de neige et peuvent s'accumuler en tant que calottes glaciales et glaciers. Quand arrive le printemps, la neige fond et l'eau ruisselle. La grande partie des précipitations retournent aux océans ou s'infiltrent dans le sol : l'eau s'écoulant en surface.

Certains écoulements retournent à la rivière donc vers les océans. L'**écoulement** de surface et le suintement souterrain s'accumulent en tant qu'eau douce dans les lacs et les rivières. Une grande partie **s'infiltre** dans le sol...

... L'eau souterraine peu profonde est absorbée par les racines des plantes et rejetée dans l'atmosphère via la **transpiration** des feuilles... ».

*

La société hollandaise ZonneWater BV développe des techniques d'économie d'énergie dont celle de la transformation de l'eau salée en eau douce à partir de l'énergie solaire, énergie non polluante. Zonnewater BV a développé un système de distillation thermique solaire optimisé. Ce dernier est destiné à produire de l'eau potable dans les zones tropicales et subtropicales autant pour les besoins des populations que pour la demande agricole. L'eau traitée provient de diverses sources : eau de mer ; eau souterraine contenant des polluants minéraux (arsenic) ; puits dégradés ou bien encore, les cours d'eau contaminés. un procédé bon marché mais surtout respectueux de la planète.

*

LES NAPPES PHREATIQUES

La conservation des ressources en eau disponible et utile. - tant pour l'homme que pour les écosystèmes, **indispensable** pour le développement de la production alimentaire et pour le développement de l'urbanisation, l'évolution des modes de vie pour une population mondiale croissante : c'est un facteur déterminant pour tous les aspects du développement tant économique, social qu'environnemental. Actuellement, à l'échelle mondiale, il y a le gaspillage de l'eau, la surexploitation qui amène **l'abaissement** des nappes phréatiques un peu partout.

*Un changement est nécessaire car selon la FAO, organisation des Nations unies : «... La consommation d'eau a **progressé** deux fois plus vite que la population au cours du dernier siècle, et un nombre croissant de régions est chroniquement en manque d'eau. Si les modes de consommation actuelles restent inchangées, deux tiers de la population mondiale pourraient, en 2025, vivre dans des pays à un stress hydrique élevé. »*

La nappe phréatique (en grec : « phrear »le puits) présente à faible profondeur,
- alimente les puits ou sources en eau potable.
- Elle est contenue dans les fissures du sous-sol.
- Elle peut avoir un sol imperméable ou parfois aussi, un « toit » imperméable... on dit qu'elle « est devenue captive ».

— Lorsqu'à proximité de la mer, une nappe phréatique d'eau douce rencontre une nappe phréatique d'eau salée ; la nappe d'eau douce, de densité plus grande, est couverte par la nappe phréatique d'eau salée.

Les nappes phréatiques en France

**Article cité par le site
« www.ecoglobe.com » :**

Il y a 450 aquifères (nom scientifique des nappes) en France dont 200 aquifères régionaux de tailles variées (100 à 100 000 km2) à ressource exploitable : 25 nappes captives et 175 nappes libres.

Ces 200 aquifères contiennent 2.000 milliards de m3 d'eau dont 100 milliards de m3 s'écoulent annuellement vers les sources et les cours d'eau. 7 milliards de m3 sont puisés chaque année dans les nappes d'eau souterraine dont 50% pour l'eau potable couvrant ainsi :

- 65% des besoins domestiques,
- 20% des besoins agricoles (irrigation),
- 25% des besoins industriels, non compris les prélèvements des centrales nucléaires.

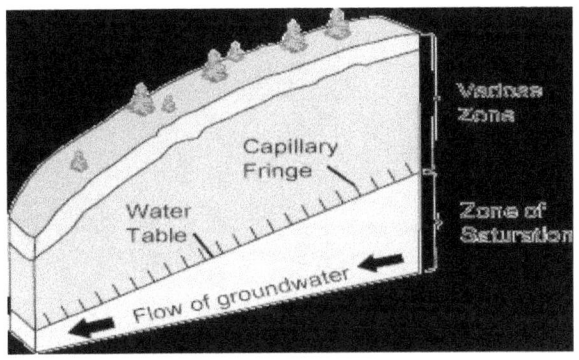

« nappe phréatique » Auteur USGS   Wikipedia

*

Réservoir d'eau de pluie - Rainwater Harvesting

Récupération de l'eau de pluie. - l'équipe du CREPA a réalisé un tel système dans une école de Ouagadougou au Burkina Faso. Le volume de la citerne a tenu compte du nombre d'élèves, de leur consommation d'eau pendant les huit heures passées à l'école, de la durée de la saison sèche (5 mois) et du nombre d'élèves présents dans l'école. Ainsi pour 200 élèves à raison de 4 litres d'eau par jour et par élève, le CREPA a construit 6 citernes de 20 m3 soit un total de 120 m3. Les 200 élèves sont désormais sûrs d'avoir de l'eau pour se laver les mains, disposer de toilettes et même boire moyennant certaines précautions...

http://www.wikiwater.fr/e4-la-recuperation-de-l-eau-de.html

*

« LE TEMPS EST UNE LIME QUI TRAVAILLE

SANS BRUIT »

CHAPITRE II

ENVIRONNEMENT - ECOSYSTEMES

*

0.1   l'EXPLOITATION AGRICOLE

Beaucoup de concepts sont appliqués à l'agriculture mais le premier concept est celui se rapportant à **l'Exploitation agricole,** constitué en sous-systèmes agissant tous en interaction.

En fait, l'observation de l'agriculture peut être abordée de deux manières : étudier techniquement le système agricole ou étudier l'ensemble du « système agraire »...

Lorsque l'étude du système agricole est simplement technologique, économique et financière : fortement liée aux résultats de production et de productivité, aux statistiques pour intervenir sur le marché : le facteur humain n'est considéré qu'en tant qu'élément de la compétitivité ; l'étude du système agraire, quant à lui, observera la totalité des fonctions agricoles et leurs retombées socio-culturelles. Ce sera les rapports de l'exploitation agricole au paysage, l'observation du passé et du présent, les milieux sociaux et culturels (pratiques communautaires, structurelles de la propriété) : c'est l'ensemble des rapports entre l'homme et la terre.

« L'entreprise agricole forme une unité économique regroupant un ensemble de biens destinés par l'exploitant à l'exercice d'une activité agricole (terres, bâtiments, cheptel et matériel) et disposant d'une autonomie de fonctionnement.
  L'entreprise agricole a depuis 50 ans fortement évolué, tant sociologiquement qu'économiquement. Elle a pu prospérer et maîtriser le foncier grâce au statut du fermage, tout en conservant sa forte identité familiale. Cette évolution n'est cependant pas achevée et la mesure des réformes successives permet de confirmer que **l'entreprise agricole est en constante transformation**. L'exploitation agricole est devenue entreprise agricole et rurale, créatrice d'activité et d'emploi en milieu rural. »
« Agriculture et Terroirs » - Chambres d'Agriculture.

---

*

« En France, l'Economie Rurale est surtout née dans les grandes écoles d'ingénieurs pour l'agriculture. C'est là qu'elle y est enseignée. C'est dire le poids de la tradition agronomique dans l'émergence de cette discipline (M. PETIT 1986). Depuis ses origines, le concept de système de production y tient une place essentielle. Par ailleurs, comme le note C. REBOUL (1976) « si la pratique des systèmes de culture et d'élevage est aussi ancienne, par définition même, que celle de l'agriculture et de l'élevage, l'expression apparaît au XIX° siècle dans les travaux des agronomes ».

C'est GASPARIN (Professeur à l'INA) qui aurait utilisé le premier, dans ses écrits, le terme de « système de culture (GASPARIN, 1845). »

*

... (Qu'est l'Exploitation agricole ?).

« Un premier type de définition se rapporte à l'exploitation agricole, il est centré sur la gestion (micro-économie). Pour CHOMBART de LAUWE et POITEVIN dans leur ouvrage classique sur la Gestion de l'exploitation agricole (1957), le système de production est la combinaison des facteurs de production et des productions dans l'exploitation agricole », l'exploitation étant définie comme l'unité « dans laquelle l'agriculteur pratique un système en vue d'augmenter son profit ». On parle alors du système de production de tel ou tel agriculteur, ou du choix d'un système de production... ».

« Système et Système de production : Notes sur ces concepts ». Jacques BROSSIER, Economiste, INRA-SAD, *26 boulevard Docteur Petitjean, 21100 DIJON (France), p.378.*

*

– Qu'est le « farming-system » ?

Dans le concept « farming-system », l'accent est mis sur l'étude du fonctionnement des petites unités de production où la famille joue un rôle essentiel.

– *D. NORMAN, un des pères reconnus de la démarche farming-system, donne la définition suivante : « On peut en théorie, définir un système comme étant une série d'éléments ou de composantes interdépendants et agissant les uns sur les autres. Aussi, un système d'exploitation agricole est-il le résultat de l'interaction complexe d'un certain nombre de composantes interdépendantes. Au centre de cette interaction se trouve l'agriculteur lui-même qui est la figure de proue des Recherches sur les Systèmes d'Exploitation Agricoles (Farming System Recherch). De plus, la production agricole et les décisions familiales des petits exploitants sont étroitement reliées et doivent être analysées dans le cadre des recherches sur les systèmes d'exploitation agricole. Un système spécifique émane des décisions prises par un petit exploitant ou une famille agricole au sujet de l'allocation de différentes quantités et qualités de terre, de main-d'oeuvre, de capital et de gestion à la culture, à l'élevage et aux activités hors exploitation d'une manière telle qu'il sera possible, pour la famille, compte-tenu de ses connaissances, de maximiser la réalisation de ses objectifs. »*

« Système et Système de production : Notes sur ces concepts » Jacques BROSSIER, Economiste, INRA-SAD, 26 boulevard Docteur Petitjean, 21100 DIJON (France), p.381.

0.2 l'AGRICULTURE DURABLE

0.2.1 Présentation de l'Agriculture Durable

L'agriculture durable est une agriculture économiquement viable qui n'entraîne aucune nuisance à la nature ou à la santé de l'homme.

En juin 1992, la Conférence des Nations unies sur l'environnement et le développement, connue sous le nom de Sommet « planète Terre » de Rio de Janeiro, au Brésil, réunissant 110 chefs d'Etats et de gouvernements et 178 pays, adopta les principes fondamentaux permettant un développement durable sur la Terre, notamment la nécessité de la protection dans le domaine de l'environnement.

« le premier objectif de l'agriculture durable vise à augmenter la production, la productivité (de la récolte) afin de lutter contre la pauvreté... » : en effet, l'agriculture durable garantit la **rentabilité économique**, le **respect de l'environnement** et reconnaît que les **ressources naturelles** doivent être judicieusement utilisées : ce sont les **trois piliers** de l'agriculture durable.

Le système rural est **l'élément clé** du développement du **niveau de vie**, incluant le milieu écologique, l'aménagement du territoire, les conditions socio-économiques. En effet, le système de production est l'effet souvent de petits groupes dynamiques, bénéficiant de conseils techniques ; il faut alors tenir compte de tous les aspects de la vie communautaire et présenter **les avantages** d'une agriculture durable plus rentable... L'amélioration des systèmes de production, la motivation des producteurs engendrent le **développement** de la vie locale. Cette dynamique qui, grâce aux biens produits, doit non seulement satisfaire les besoins de l'agriculteur mais **dégager** un surplus monétaire permettant de générer des investissements.

Toutefois, lorsque l'homme souhaite une adaptation à un mode de production agricole nouveau, il se déplace avec tout un passé, ses croyances, son appartenance familiale : l'important entre lui et sa famille, ses amis, ses voisins, agriculteurs comme lui.

Cela peut être difficile à vivre et parfois déséquilibrant ; autour d'un nouveau modèle d'agriculture, il faut la cohésion sociale avec l'adhésion psychologique de tous, ce qui lui permet de sentir qu'il ne se trompe pas, de donner un sens à l'activité durable agricole qui s'imbrique, tant dans les écosystèmes qui en sont le support que dans le tissu socio-économique dont elle est partie prenante.

---

*Dans le secteur agricole, c'est en 1950, à la suite de l'accroissement de la population mondiale à nourrir, que la « **Révolution verte** », **agriculture intensive**, a vu le jour. Technique agricole nouvelle, elle devait améliorer la productivité.* **Et pour cela, quelles méthodes furent employées ?**

Et bien, cela était l'utilisation intensive de produits chimiques et phytosanitaires (pesticides, fongicides...), la création de végétaux à haut rendement grâce aux O.G.M. (organismes génétiquement modifiés), l'emploi croissant de l'eau, de compléments alimentaires, d'hormones et d'antibiotiques pour intensifier la production. Cependant, l'adoption intensive des engrais et des pesticides favorisa la détérioration des sols et la pollution des eaux avec les conséquences sur la végétation ...

Cependant, *à la suite de ces constatations, les Chefs d'état prirent conscience de la nécessité de préserver les écosystèmes.... ; la* ***Conférence de Rio de Janeiro des Nations Unies, en 1992 (puis de plus récentes)****, aborda les problématiques liées à la santé, au respect de l'environnement... et fut appelée le Sommet de la « Planète Terre » : se clôturant par* **l'adoption de principes fondamentaux permettant un développement durable sur la Planète.**

L'agriculture durable est une technique culturale qui doit tenir compte des **moyens** de production (terre, capital, travail) et des **systèmes** de production (élevage, cultures, transformations) pour assurer une production *pérenne* de nourriture pour les hommes et les animaux... L'agriculteur s'engage à veiller à ne pas épuiser les ressources naturelles locales : à préserver la biodiversité, la qualité de l'eau et la qualité des sols... ces éléments qui entourent un individu ou une espèce car nos enfants devront trouver une terre indemne de toute détérioration, afin de pouvoir poursuivre une agriculture productive...

Peut-être que les agriculteurs connaîtront quelques pertes de productivité lors de leur conversion, mais pour un temps très court (mais ils pourront ajouter à la terre des engrais naturels)! la période entre la mise à l'écart des apports synthétiques et la restauration de la terre grâce à une activité biologique suffisante. **Ainsi très vite, la fixation de l'azote par les légumineuses et la suppression des ravageurs favoriseront une fertilité augmentée et surtout une alimentation multipliée, de l'herbe saine pour les animaux et le lait...**

Le bénéfice de ce changement sera **moins de fatigue** pour l'agriculteur, qui **n'aura plus à retourner la terre** ou **à détruire les restes de récoltes qui devront rester sur le terrain, agissant comme base d'humus, la couche végétale**. C'est l'agriculture que les anciens, à travers les siècles, pratiquaient avant l'arrivée des produits chimiques. Cette agriculture indispensable si nous voulons lutter contre les émissions de gaz à effet de serre durablement et contre l'appauvrissement de la planète, sans compter que la santé des familles s'en trouvera améliorée.

*

Le système de culture

Selon M. Sebillotte M., 1990a., le « Système de culture : un concept opératoire pour les agronomes. » (In : L. Combe et D. Picard coord., Les systèmes de culture. Inra, Versailles)... et la définition proposée :
« le système de culture est **l'ensemble** des modalités techniques mises en œuvre sur des parcelles cultivées de manière identique. Chaque système se définit par :
. la nature des cultures et leur ordre de succession,
. les itinéraires techniques appliqués à ces différentes cultures, ce qui inclut le choix des variétés. »

*L'itinéraire technique ayant été lui-même défini comme « **combinaison logique et ordonnée** des techniques qui permettent de contrôler le milieu et d'en tirer une production donnée ».*

0.2.2 Environnement durable : l'ECOSYSTEME

0.2.2.1 LES OBJECTIFS POURSUIVIS

L'agriculture durable a pour objectif de protéger l'environnement sur une base équitable : **économique, sociale ou environnementale** ; l'environnement est compris comme l'ensemble des composants naturels de la planète Terre : air, eau, atmosphère ainsi que les roches, végétaux, animaux et ce qui entoure l'homme et ses activités... C'est au XXI° siècle que la protection environnementale est devenue un enjeu majeur touchant le développement durable : préservation primordiale, reconnaissance que les ressources naturelles ne sont pas infinies, qu'elles doivent être utilisées avec parcimonie. Il y a, de ce fait, une rentabilité économique, un bien-être social mais surtout une qualité environnementale : **les trois piliers fondamentaux** du développement durable...

A - *L'agriculture durable recherche la préservation environnementale* et, en tout premier lieu, celle des **ressources locales** : substances, organismes ou objets présents dans la nature, utilisés pour satisfaire les besoins énergétiques, alimentaires des humains, animaux et végétaux. C'est l'ensemble des conditions naturelles (physiques, chimiques, biologiques) ou culturelles (sociologiques) qui agissent sur tous les organismes vivants.

L'eau est l'élément essentiel pour tous les êtres vivants et pour beaucoup, leur milieu de vie. L'agriculture est un secteur particulièrement consommateur d'eau douce, contenant peu d'ions donc pas salée (eau de rivières, de lacs, eau de pluie, des glaciers, des tourbières...). L'eau douce est l'inverse de l'eau dure qui contient des ions : magnésium ou calcium – étant l'eau de mer ou glace de l'Océan arctique). Le magnésium est le huitième élément le plus abondant de la croûte terrestre, le cinquième élément derrière l'aluminium, le fer, le calcium et le sodium, le troisième composant des sels dissous dans l'eau de mer.

1 . le sol, élément support de la vie terrestre, possède une partie spécialement riche en matières organiques décomposées se nommant humus (provenant d'animaux, de bactéries, de champignons du sol). L'humus, contrairement au compost, est d'origine naturelle.
Ce sont ces éléments que l'agriculture durable doit protéger en évitant d'apporter certains produits tels qu'engrais chimiques, produits phytosanitaires pour soigner ou prévenir les maladies ou pour activer la croissance des plantes.
. Le sol, possédant des matières organiques décomposées : la terre n'a seulement besoin que d'utiliser *les processus naturels, les cycles nutritifs*. Les plantes étant des entités vivantes, c'est de la terre que leurs racines tirent leur nourriture et leur eau, sans oublier que c'est la lumière du soleil qui favorise leur croissance - la terre contenant tous les éléments leur permettant de se développer favorablement.
– Ensuite, ce sont les insectes qui interviennent pour polliniser les plantes... les abeilles, acteurs de la biodiversité, sont les auxiliaires indispensables dans l'agriculture..

– .. et les précipitations qui peuvent prendre des formes différentes : pluies, bruines, neige, gel... leur fréquence et leur nature caractérisant les climats, sont des éléments essentiels à la fertilité des plantes.

2 . la fixation de l'azote, les besoins des plantes en azote.

En effet, l'absence d'azote nuit au développement des plantes : s'il en manque, elles restent petites, jaunissent et leur rendement est faible, mais lorsqu'elles en bénéficient, elles grandissent et leur couleur devient vert foncé... néanmoins s'il y en a trop, leur maturité est retardée et elles deviennent sensibles aux maladies..

– C'est pourquoi, pour obtenir des produits de qualité, l'agriculteur fait appel à des engrais azotés qui peuvent avoir été mis au point industriellement ou provenir de sous-produits végétaux ou animaux (fumier, guano, engrais verts...).
D'ailleurs, **l'A.E.P (l'agriculture écologique productive : l'agriculture durable)** reconnaît les bienfaits de l'assolement (rotation des cultures, technique culturale au goût du jour, pour rendre plus productif un terrain).

On sait que les ressources en azote de la planète sont pratiquement illimitées : le grand réservoir d'azote est l'atmosphère (N^2) ; l'azote provient de la décomposition des feuilles mortes, bactéries... en conséquence, si la rotation des cultures se fait sur 4 années : il faut semer la **première année** des légumineuses qui ont la capacité de fixer l'azote atmosphérique, bénéfique : cela est dû aux nodosités qui abritent des bactéries du genre Rhizobium, des petites boursouflures formées sur leurs racines ...

les légumineuses peuvent être aussi bien des lentilles, des haricots ... ou de la luzerne... enrichissant le sol : elles apportent les engrais azotés nécessaires au développement des plantes qui leur succèdent.

L'AZOTE, apportée par la première rotation des cultures, élimine les engrais, apporte un meilleur rendement agricole et ne COÛTE RIEN !

3 . la reconstitution des sols et préparation pour une agriculture durable grâce à la rotation des cultures :
- pour parer à la dégradation physique des sols, la reconstitution ou revégétalisation de ceux-ci est souvent nécessaire (dégradation causée par l'homme ou à la suite de causes atmosphériques). Cette opération de reconstitution des sols se fait souvent en deux étapes, tout d'abord l'application d'une importante quantité d'engrais d'origine animale ou végétale puis ensemencement de la zone traitée. Lors de ces étapes, des précautions doivent particulièrement être prises pour la préservation des eaux tant superficielles que souterraines.

> *Eh... les vers de terre ?*
> **« cinq tonnes de vers de terre à l'hectare, ça vous remue 280 tonnes de terre. Pendant ce temps là, vous n'avez pas besoin de labourer... » :** *dires de Monsieur Stephane Le Foll, Ministre de l'Agriculture, 27/11/2014 - (Francetv.info avec AFP) - à l'occasion de la conférence environnementale...*
>
> **Darwin (1809/1882)** *dans son étude sur le « Rôle des Vers de terre dans la formation de la terre végétale » 1882, Gallica – BNF ; (traduit de l'anglais par M. Levêque) : trouve étonnant qu'on ait si peu*

songé à se préoccuper de l'influence « que les vers de terre peuvent avoir sur la qualité du sol »;

... et dans son chapitre « la Formation de la terre végétale, par l'action des vers et observations des habitudes de ces animaux » :

« les vers saisissent des feuilles et autres objets, non seulement pour s'en servir, mais aussi pour boucher l'ouverture de leurs galeries... les feuilles et les pétioles de beaucoup d'espèces, quelques pédoncules de fleurs, souvent des rameaux vermoulus d'arbres, des morceaux de papier, des plumes, des flocons de laine et des crins de cheval...convoyés par eux dans leurs galeries. ... Quelque fois, les vers élargissent l'ouverture de leur galerie ou en font une autre à côté...de manière à rentrer encore plus de feuilles ; les vers semblent avoir une répugnance à laisser ouverte, l'ouverture de leurs galeries.»

... « mais il est surprenant de voir qu'ils montrent en apparence un certain degré d'intelligence au lieu d'une impulsion purement instinctive et aveugle, dans la manière dont ils bouchent l'ouverture de leurs galeries. Ils agissent à peu près comme le ferait un homme qui aurait à fermer un tube cylindrique avec différentes espèces de feuilles, de pétioles, de triangles de papier, etc...

... « avant la charrue, le sol était labouré régulièrement par les vers de terre et il ne cessera jamais de l'être encore. Il est permis de douter qu'il y ait beaucoup d'autres animaux qui aient joué dans l'histoire du globe, un rôle aussi important que ces créatures, d'une organisation si inférieure.

... « les vers ont joué, dans l'histoire du globe, un rôle plus important que ne le supposeraient, au premier abord, la plupart des personnes. Dans presque toutes les contrées humides, ils sont extraordinairement nombreux et possèdent une grande puissance pour leur taille. Dans *beaucoup de parties d'Angleterre, plus de 10 tonnes (10.516 kilogrammes) de terre sèche passent chaque année par leur corps et sont apportées à la surface, sur chaque acre de superficie... ainsi tout le lit superficiel de terre végétale ... »*

... « D'autres animaux d'une organisation encore plus imparfaite, je veux parler des coraux, ont construit d'innombrables récifs et des îles dans les grands océans ; mais ces ouvrages qui frappent davantage la vue, sont presqu'exclusivement confinés dans les régions tropicales... ».

4. les ennemis naturels des ravageurs...

- l'agriculture durable doit être très vigilante dans l'utilisation des procédés de lutte contre les ravageurs. Pour cela, il y a lieu de faire une place importante à la **lutte biologique** qui préconise la recherche d'agents très spécifiques, ces **auxiliaires** tels les prédateurs, ennemis naturels des ravageurs. Ce sont les insectes : acariens, araignées, les coléoptères, les diptères, les hyménoptères etc...

*

B - L'agriculture durable a pour but de contribuer à réduire les émissions de gaz à effet de serre, c'est devenu un objectif d'importance majeure. Les leviers de **réduction** des émissions de gaz à effet de serre demeurent essentiellement dans les **modifications** à apporter aux techniques culturales, à l'alimentation des animaux ainsi qu'à la transformation des moyens de chauffage des bâtiments ou serres en utilisant le plus possible le **méthane**...

Tableau émanant du Résumé du rapport de l'étude réalisée par **l'INRA**, pour le compte de l'ADEME, du MAAF, du MEDDE - Juillet 2013.

L'ADEME : Agence de l'Environnement et de la Maîtrise de l'énergie.
Le MAAF : Ministère de l'agriculture, de l'agroalimentaire et de la forêt.
Le MEDDE : Ministère de l'écologie, du développement durable et de l'énergie.

Actions et sous-actions

1/ - *diminuer les apports de fertilisants minéraux azotés* pour réduire les émissions de N^2O associées

a) Réduire le recours aux engrais minéraux de synthèse, en les utilisant mieux et en valorisant plus
les ressources organiques :
1A - Ajuster la dose d'engrais à des objectifs de rendement plus réalistes,
1B - Améliorer la valorisation des apports organiques,
1C – Ajuster les dates d'apport aux besoins des cultures,
1D – Ajuster un inhibiteur de nitrification,
1E – Enfouir l'engrais.
b) Augmenter la part des légumineuses pour réduire le recours aux engrais azotés de synthèse :
2A – Introduire plus de légumineuses à graines dans les grandes cultures,
2B – Augmenter les légumineuses dans les prairies temporaires.

*

2/ stocker du carbone dans le sol et la biomasse (ensemble des matières organiques d'origine végétale)

a) Développer les techniques culturales sans labour pour stocker du Carbone (C) dans le sol :
- 3 options techniques : semis direct en continu - labour occasionnel 1 an sur 5 et travail superficiel.

b) Introduire davantage de cultures intermédiaires, de cultures intercalaires et de bandes enherbées dans le système de culture :
4A – Développer les cultures intermédiaires dans les systèmes de grande culture,
4B – Développer les cultures intercalaires en vignes et en vergers,
4C – Introduire les bandes enherbées en bordure des cours d'eau.

c) Développer l'agroforesterie pour favoriser le stockage de carbone dans le sol et la biomasse végétale :
5A – Développer l'agroforesterie à faible densité d'arbres,
5B – Développer les haies en périphérie des parcelles agricoles.

d) Optimiser la gestion des prairies pour le stockage de carbone :
6A - Allonger la durée de pâturage,
6B – Accroître la durée des prairies temporaires,
6C – Désintensifier les prairies permanentes et temporaires les plus intensives, en ajustant mieux la fertilisation azotée,
6D – Intensifier modérément les prairies permanentes peu productives, par augmentation du chargement.

*

3/ Modifier les rations des animaux pour réduire les émissions de Méthane (CH4) et les émissions de N²O liées aux effluents :

a) Substituer des glucides par des lipides insaturés et utiliser un additif dans les rations des ruminants pour réduire les émissions de CH4 entériques :

7A- Substituer des glucides par des lipides insaturés dans les rations,
7B – Ajouter un additif (nitrate) dans les rations.

b) Réduire les apports protéiques dans les rations animales pour limiter les teneurs en azote des effluents et les émissions de N²O associées :

8A – Réduire la teneur en azote des rations des vaches laitières,
8B – Réduire la teneur en azote des rations des porcs.

*

4/ Valoriser les effluents pour produire de l'énergie et réduire la consommation d'énergie fossile, pour réduire les émissions de CH4 et de CO² :

a) Développer la méthanisation et installer des torchères, pour réduire les émissions de CH4 liées au stockage des effluents d'élevage :

9A – Développer la méthanisation,
9B – Couvrir les fosses de stockage et installer des torchères.

b) Réduire, sur l'exploitation, la consommation d'énergie fossile des bâtiments et équipements agricoles pour limiter les émissions directes de CO² :

10A – Pour le chauffage des bâtiments d'élevage,
10B – Pour le chauffage des serres,
10C – Pour les engins agricoles.

*

LES BRIQUES CUITES AU METHANE

Le méthane équivaut à 7,9% des émissions de gaz à effet de serre des Etats-Unis, en 2004.

Le méthane issu des décharges représente la source la plus importante : 25% des émissions.

A proximité d'une décharge équipée d'un système de captation de méthane, à Moody, dans l'Alabama, a été implantée, en 2006, une installation industrielle de grande ampleur, **EPA** (*Environnement Protection Agency).*

L'objectif de cette usine est la fourniture de **40%** des besoins énergétiques de la briqueterie exploitée par la *société Onix Walse Services (groupe Véolia Environnement)* et 100% en 2016. L'émission de 62 000 tonnes d'équivalent CO^2 sera ainsi évitée chaque année.

En France, entr'autres :

1/ a été mise au point **la brique apparente perforée en Terre Cuite,** norme homologuée française (NF P 01 010) par la « *Société Wienerberger. Terreal, Briqueteries du Nord* », en 2005.

La fiche « *ENVIRONNEMENT et SANITAIRE* », *du 4 avril 2005, réalisée par le CTTB (Centre technique des Tuiles et Briques), Messieurs WIENERBERGER et TERREAL, Briqueteries du Nord, présente le produit, ses caractéristiques et notamment sa* **contribution** *aux impacts environnementaux.*

2/ *C'est une première, sur la plate-forme Biomasse-énergie* **du Cirad** *:   un projet qui associe le Groupe Terréal, Béralmar et le Cirad a* **permis la cuisson** *de matériaux de construction en terre cuite grâce à un gaz* de synthèse issu de plaquettes forestières, **évitant** la pollution générée habituellement par le gaz naturel.

Cependant, le séchage et la cuisson des briques et tuiles se font aujourd'hui dans des installations **alimentées** principalement par du gaz naturel. La combustion de ce gaz dans les séchoirs et les fours entraîne de fortes émissions de CO^2 dans l'environnement et une consommation importante de combustible fossile... **L'enjeu à terme** du projet est donc de substituer **jusqu'à 70 %** de gaz naturel par du gaz de synthèse issu d'une ressource disponible en abondance comme la **biomasse lignocellulosique** (bois, pailles, herbes...). « Montpellier-CIRAD : des Briques cuites grâce à la Biomasse » - (le CIRAD : Centre International de recherches pour le développement)   (www.cirad.fr) & l'hebdomadaire « heraultjuridique.com »,

3/ C'est en 2008 que voyait le jour, l'installation française de **stockage de déchets** qui a développé un système de valorisation thermique de **biogaz** - le site Sita de Mably, dans la Loire, près de Roanne (France) - **alimentant** les fours de la briqueterie Imerys située en contrebas. Le gaz naturel est remplacé par le biogaz. Le site de Mably existe depuis 1976 ; depuis 1990, la Société SITA l'exploite et la récupération du biogaz est effective depuis juin 2007. *Informations : Carole Farenc, 15/10/2008.   site   « MAT   environnement,   Matériel».*

1 - « première usine allemande d'incinérations (Hamburg-Hammerbrook), ici, en 1895 » Tel. par Greenhorn

2 -« les usines modernes cherchent à éviter les cheminées et tuyauteries apparentes (Incinérateur de Naka, Japon) » - Auteur Taisyo ; est distribué sous licence CC BY-SA 3.0. *Widipedia*

* *

C – L'agriculture durable souhaite la prévention

1. *surtout en modifiant les modes de production et les modes de consommation.*

En effet, **depuis 50 ans**, l'agriculture intensive, grâce à la mécanisation, aux intrants (engrais, produits phytosanitaires…) a vu une augmentation importante de la productivité qui a eu pour résultat un **plafonnemen**t des rendements actuels ainsi qu'un **épuisement** des ressources et une **dégradation** des milieux (notamment des ressources en eau, sols menacés en qualité, en quantité et leur appauvrissement…).

A l'opposé, l'agriculture durable favorise le **recyclage** des éléments (carbone, eau, azote, minéraux) et **respecte** l'équilibre de l'écosystème :

- en diversifiant les cultures - en **augmentant** la production d'herbes et légumineuses pour l'élevage - en **gérant** les déjections – en développant les infrastructures agro-économiques (prairies, haies, agroforesterie….).

- Interviennent surtout **l'allègement du travail** du sol et la lutte biologique contre les ravageurs…

Quant aux modes de consommation générant un bienfait pour la prévention :

- il y aura le fait de mieux acheter... choisir notamment des produits qui ont **moins d'impact** sur l'environnement ou dont la fabrication a exigé moins de ressources énergétiques,

- ou **privilégier** des produits locaux.

- ou avoir une attitude **responsable** en veillant à la réduction de la quantité et la nocivité des déchets produits, en repensant les modes de les production et les modes de consommation (*article L 541-1-1 du Code de l'environnement*) qui définit la prévention comme étant :

« *toutes mesures prises avant qu'une substance, une matière ou un produit ne devienne un déchet, lorsque ces mesures **concourent** à la réduction d'au moins un des items suivants :*

- *la **quantité de déchets générés** y compris par l'intermédiaire du réemploi ou de la prolongation de la durée d'usage des substances, matières ou produits ;*

- *les **effets nocifs** des déchets produits sur l'environnement et la santé humaine ;*

- *la **teneur** en substances nocives pour l'environnement et la santé humaine dans les substances, matières ou produits.* »

Par ailleurs, pour réduire la quantité de déchets, il est raisonnable de fabriquer le compost à partir des bio-déchets de cuisine (épluchures, restes de repas...).

le Ministère de l'écologie, du développement durable et de l'énergie préconise, de lutter contre le gaspillage et promouvoir l'écologie circulaire : de la conception au recyclage des produits agricoles : **évite**r le gaspillage des ressources et d'énergie, **limiter** la production de déchets non réutilisés, **diminuer** les impacts environnementaux, impliquer tous les citoyens et responsabiliser les entreprises, développer les activités innovantes, et **créer** des emplois.

2. en utilisant, pour l'humus, l'engrais, par exemple : des sous- produits animaux non destinés à la consommation humaine.

Ce sera : **l'utilisation** de déchets humains (compostés, méthanisés par exemple, issus de toilettes sèches …) ; d'anciennes denrées alimentaires ; d'anciens aliments pour animaux ; de sous-produits d'animaux d'abattoir ; de sous-produits issus de rongeurs ; de sous-produits animaux issus de la production agroalimentaire ; de sous-produits issus de la filière « oeufs » ; de lait cru, colostrum et d'autres matières collectées sur animaux vivants ; de sous-produits issus d'animaux aquatiques et d'invertébrés aquatiques ou terrestres, etc.. **mais la non utilisation** des sous-produits provenant **de laboratoires pharmaceutiques ou d'hôpitaux ; sous-produits d'animaux malades, etc…**

*

D – L'agriculture durable lutte contre l'érosion des sols qui amène la réduction de leur fertilité, la mise à nu des roches et l'apparition de pierres à la surface ; érosions dues aussi aux feux de forêts ou déforestations volontaires : la mise à nu des sols provoque le ruissellement plus rapide des eaux...

« extrait de « Pour un développement durable du secteur fruits et légumes » 130 rue du Trône, B - 1050 Belgique   www. coleacp.org/pip

Par ailleurs, elle veille à la **réduction** des intrants, à la limitation des engrais afin d'assurer la meilleure **protection de l'eau** et la **qualité des sols**. Elle préconise de nouveaux systèmes de culture comme **l'assolement. Cette technique enrichit les sols grâce à l'introduction des légumineuses (pois, luzerne...), productrices d'azote,** préparant avantageusement le terrain pour les semences à venir.

« Le groupe CIVAM et son réseau, s'engage dans la démarche « agriculture durable » www.civam.org

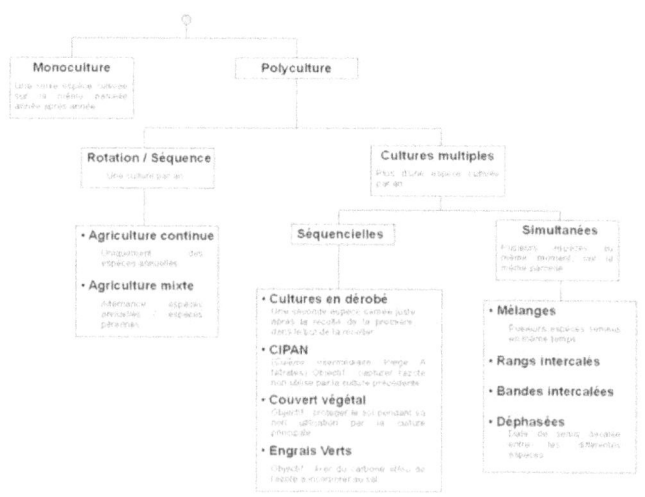

« classification des différentes séquences de cultures » - d.p. -

Auteur : Abouloc   Wikipedia

E – L'agriculture durable aide les personnes et les êtres vivants en **limitant** l'usage des pesticides. Si ceux-ci ont permis **d'augmenter** les productions mondiales à une époque où les famines menaçaient, ils ont causé beaucoup de dégâts puisqu'ils **pénétraient** dans les sols et **imprégnaient** les plantes - et s'ils étaient pulvérisés, **atteignaient** les salades... menaçant non seulement la santé des consommateurs mais aussi celle des agriculteurs.

Or, les engrais naturels, produits par l'agriculteur lui-même, sur place, près de son terrain, peuvent les remplacer avantageusement.

De plus, lorsqu'il s'agit **de rotation des cultures sur 4 années** : dans le sol, l'azote indispensable à la croissance des plantes, est apportée, grâce à la plantation de **légumineuses** la première année. Les 3 années suivantes, le **sol fortifié** présente aux nouvelles plantes, un terrain privilégié ; l'agriculture devient totalement écologique et en même temps, plus productive.

*

0.2.2.2 QUELQUES PRINCIPES D'AGRICULTURE DURABLE & ENVIRONNEMENT DURABLE

Pour être reconnue durable, l'agriculture doit respecter les règles de conduite suivantes :

A – les contraintes relatives au respect du sol, la conservation du sol :

> **1)** - tout d'abord, en agriculture, la nécessité **d'éviter** l'usage dispersif des métaux qui sont nuisibles à longue échéance ...
>
> – **le tellure,** sous forme de **tellurure d'alkyle,** comme fongicide / algycide / parasiticide : (fongicide pour le traitement du blé ; l'algycide pour éviter la prolifération d'algues ; parasiticide pour la destruction des insectes parasites, utilisé en poudre ou en pommade).
>
> – **le sulfate de scandium** ($Sc_2(SO_4)$) ou l'**oxyde de scandium** comme agent de germination (il stimule la germination et la croissance des jeunes plantes) ;
>
> – **le sulfate de nickel** ($NiSO_4$) ou le **nitrate d'argent** ($AgNO_3$), en solution très diluée, pour garder la fraîcheur des fleurs coupées,
>
> – **le manganèse** sous forme de $KmnO_4$) est utilisé contre les parasites chez les poissons,

- **le chlorure de cobalt** (CoCl²) sert d'agent moussant, de stabilisateur pour la bière, l'**aluminium** sert de colorant, par exemple pour les sucreries (additif El73),
- **iodure d'argent** (AgI) est utilisé pour déclencher les pluies.

Tableau issu du livre « Quel futur pour les métaux ? Raréfaction des métaux : un nouveau défi pour la société, chapitre « florilège d'usages dispersifs ». Benoit de Guillebon, Philippe Bihouix...

- **2) « les pesticides et les métaux lourds** : ce sont les deux principaux **polluants**, rejetés dans l'environnement, qui finissent dans nos assiettes, à plus ou moins long terme. »

Jean Maherou, 03/03/2014 (Association Santé environnement France) ;

- **3)** et la production agricole est partiellement responsable de trois des plus importants « gaz à effet de serre » : **dioxyde de carbone, le méthane, la protoxyde d'azote** (le plus puissant à fort potentiel de réchauffement), entrant dans les engrais et qui ont des conséquences sur les aliments ;

4) les boues : *« la Directive n° 86-278, du 12/6/1986 relative à la protection de l'environnement et notamment des sols, lors de l'utilisation des boues d'épuration en agriculture – (JOCE du 4/7/86) ». Organisme : INERIS, Ministère de l'Ecologie et du Développement... :*

a pour objet de réglementer l'utilisation des boues, considérant que les boues d'épuration en agriculture, peuvent avoir des effets nocifs sur les sols, la végétation, les animaux et l'homme.

Les boues doivent être **traitées avant** d'être utilisées en agriculture, et un certain délai doit être respecté avant l'utilisation des boues et la mise en pâturage des prairies, la récolte des cultures fourragères ou de certaines cultures normalement en contact du sol et consommées à l'état cru ;

...que l'utilisation des boues sur des cultures maraîchères et fruitières en cours de végétation doit être interdite.

— L'Etat réglemente l'utilisation des boues et le traitement, (issues de station d'épuration, d'eaux usées, etc...) - de telle sorte que l'accumulation de métaux lourds dans le sol ne conduise pas à un dépassement des valeurs limites visées au point 1.

Ces boues d'épuration proviennent des stations d'épuration destinées à produire des eaux purifiées, naturelles de qualité (c'est un sous-produit inévitable composé d'eau et de matières organiques et minérales). Une fois traitées, ces boues (riches en phosphore) seront destinées à l'agriculture (avec l'azote), la mise en décharge ou seront incinérées...

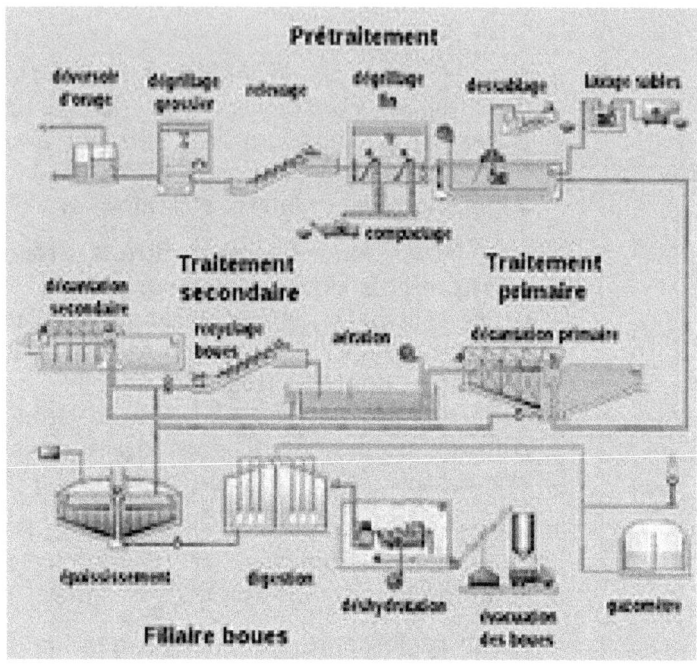

« version francophone du schéma de fonctionnement de l'usine de dépollution d'Esquempèque » ; est distribué sous licence CC BY 2.5. Auteur : Josefpm   Wikipedia

*

B – la conservation des ressources en eau disponible et utile tant pour l'homme que pour les écosystèmes, indispensable pour le développement de la production alimentaire et pour le développement de l'urbanisation, l'évolution des modes de vie pour une population mondiale croissante (voir chapitre sur l'eau, les nappes phréatiques : pages 63 & 76).

C – porter une attention particulière à la conservation de la biodiversité.

La biodiversité (*en grec, bios « la vie »*) : **tous les organismes vivants** des écosystèmes différents, des espèces, des gènes - **dans l'espace et dans le temps** ainsi que les interactions au sein de ces niveaux d'organisation et entre eux : ces **enjeux** essentiels du développement durable sur la différence biologique, protégés, définis *par le Sommet « planète Terre » de Rio de Janeiro, au Brésil, en 1992, réunissant 178 pays.*

LA BIODIVERSITE

La biodiversité, contraction de biologique et de diversité, représente la **diversité des êtres vivants et des écosystèmes** : la faune, la flore, les bactéries, les milieux mais aussi les races, les gènes et les variétés domestiques. Nous autres, humains appartenons à une espèce – Homo sapiens – qui constitue l'un des maillons de cette diversité biologique.

Mais la biodiversité va au-delà de la variété du vivant ! Cette notion **intègre les interactions** qui existent entre les différents organismes précités, tout comme les interactions entre ces organismes et leurs milieux de vie. D'où sa complexité et sa richesse. *Ministère de l'écologie, du développement durable, de l'énergie.*

*

Ainsi, la conservation de la biodiversité **garantit** la sécurité alimentaire, la nutrition ; elle **améliore** la qualité, l'adaptant aux nécessités environnementale et socio-économique - dans le but **d'écosystèmes** en bonne santé.

Les services que la biodiversité fournit sont particulièrement **dirigés vers** la réduction de la pauvreté, de la malnutrition, portent un **regard** sur les secteurs économiques dont l'agriculture, la foresterie, la pêche, la santé, la nutrition, l'énergie, le tourisme et également des pâturages qui doivent l'objet d'attentions.

Le maintien de la biodiversité est un enjeu **primordial**.

D - aménager durablement les pâturages naturels

« pâture à vaches, dans un contexte rural boisé, à Bière (Canton de Vaud), Suisse » Auteur : Marc Mongenet ; est distribué sous licence CC BY 2.5.
Wikipedia

Les pâturages naturels sont des terrains de parcours qui comprennent des prairies constituées de graminées vivaces, prairies trop sèches ou trop accidentées pour être cultivées mais servant au pacage des animaux. Sont **incorporées** aux pâturages naturels des forêts claires ou des savanes presque nues, sous le couvert d'arbres clairsemés. Ils englobent des pelouses, des garrigues, des formations arbustives désertiques, des maquis, des prairies de montagne, des pâturages alpins mais **également** les steppes et les toundras ou des bois ; ils sont situés au-dessus de la limite supérieure de la forêt.

Il est **urgent** d'envisager les mesures nécessaires pour limiter la **détérioration** du sol des pâturages. En effet, un usage excessif de ceux-ci ont laissé le **sol dénudé**. Du fait de la destruction des végétaux, le sol exposé à l'érosion, occasionnée par les intempéries, ne retient plus l'eau qui ruisselle plus abondamment et sur le terrain, sans la couche végétale, elle s'évapore rapidement. La planification des pâturages peut être une solution afin **d'éviter** l'usure des sols et de la végétation : améliorer les sols dégradés... **développer** la quantité d'herbe, d'espèces fourragères ou d'arbres espacés afin d'augmenter la production des pâturages tout en améliorant le régime des eaux, ce gaspillage d'eau dû aux ruissellements.

LYLE F. WATTS, Directeur du Service forestier des Etats-Unis, attire l'attention sur la nécessité d'élaborer un programme efficace au sujet de ces terrains de parcours, précisant :

« De vastes régions du globe, souvent associées au point de vue physique avec des terrains boisés, ne sont ni des forêts à proprement parler, ni des terres cultivées, ni des pâturages améliorés. Ces régions sont couvertes d'une végétation sauvage dont la conservation est de toute manière, importante pour la protection du sol et la régularisation du débit des eaux ; elles sont très souvent utilisées de manière intense comme pâturages, à la fois par les animaux sauvages et par le bétail. L'utilisation avisée de ces terres – communément appelées *range lands* aux Etats Unis – est un complément et, en bien des cas, une des conditions d'une saine utilisation des forêts. Le terme *range lands* n'est, toutefois, pas toujours facilement applicable à des terres de caractère semblable en d'autres pays.

> Il a été suggéré que le terme *wild lands (terres vacantes)* pourrait exprimer, suivant une terminologie non américaine, ce que l'auteur veut dire. Tandis que dans beaucoup d'autres pays, ces terres sont bien souvent mal utilisées, le Service forestier des Etats-Unis administre une importante étendue de ces *range lands,* en tant que propriété fédérale. »
>
> *Enfin, le Directeur du Service forestier des Etats-Unis fait ressortir l'importance de ces surveillances :* « ... Les pâturages naturels couvrent plus de la moitié de la surface totale du globe. ...»
>
> « Des millions de gens, bergers nomades ou autres, vivent de ces terres. Bien d'autres millions de gens vivent, entièrement ou en partie, de l'exploitation, du transport ou de la vente de la viande, de la laine, des cuirs, du lait ou des autres produits de ces pâturages naturels. La quantité exacte de ces viandes consommées dans le monde et provenant de ces pâturages naturels n'est pas connue, mais elle doit être élevée. Aux Etats-Unis, environ la moitié des troupeaux de bœufs et 70 pour cent des troupeaux de moutons doivent une grande partie de leur nourriture à ces herbages naturels. Le bétail élevé sur ces pâturages est la principale ressources de beaucoup d'agglomérations de l'ouest des Etats-Unis ; et ici comme dans bien d'autres parties du globe, les pâturages naturels contribuent à subvenir aux besoins en fourrage des exploitations agricoles, complétant les produits des herbages artificiels ou améliorés. »
>
> « Depuis que la Commission intérimaire des

Nations Unies pour l'Alimentation et l'Agriculture a posé les principes d'une organisation mondiale de l'alimentation et de l'agriculture, j'ai été frappé de ce que si peu d'attention ait été accordée aux pâturages naturels. Tout programme ayant pour but d'accroître la production mondiale d'aliments et de textiles ou d'améliorer le niveau de vie des nations, doit veiller à la protection et à l'utilisation rationnelle de ces terres.

On doit faire entrer ces pâturages en ligne de compte parce qu'ils représentent une partie considérable de la surface du globe et parce que la subsistance de beaucoup d'êtres humains en dépend. Dans le monde entier, on a souvent fait un mauvais usage de ces pâturages et on les a terriblement négligés, mais leur étendue est si vaste qu'ils arrivent encore à nourrir un grand nombre de bêtes, fournissant une quantité importante de produits animaux. De plus, la production de la plupart de ces pâturages pourrait encore être accrue et ils pourraient apporter une contribution bien plus importante au bien-être du genre humain. ...»

« ... Les pâturages naturels ont été exploités par les hommes depuis les temps préhistoriques. Une des premières et plus importantes étapes accomplies par l'homme préhistorique vers la civilisation a, sans doute été de sortir des forêts et des cavernes et de commencer à domestiquer et à faire pâturer les troupeaux d'animaux. On dit que l'homme néolithique a introduit les moutons, les chèvres et le bétail en Europe occidentale environ 10 000 ans avant Jésus Christ. L'élevage dans les pâturages naturels faisaient vivre les anciennes civilisations de Mésopotamie, d'Egypte, de Grèce et de Rome. L'usage abusif de ces pâturages naturels fut probablement une des causes qui contribua à leur déclin »...   *Archives de documents de la FAO*
« Conservation des terres incultes ».

E - éviter absolument la désertification

tels le « reg, désert de roches. Adrar mauritanien » ;
« l'aridification précède souvent la désertification ! »

« reg de l'Adrar mauritanien » Auteur : Ji-Elle ; est distribué sous licence CC BY-SA 3.0.

« le Tadrar rouge, à Djanet, dans le Sud saharien » Auteur : Cap Djinet ; est distribué sous licence CC BY-SA 3.0.   Wikipedia

Les **causes** de la désertification ne sont pas, selon les régions, toutes les mêmes. Grâce à l'Agriculture Durable, la « surveillance de la biodiversité » permet un ensemble de connaissances, techniques, moyens et actions, **adaptées** localement afin de remédier à ce problème.

La désertification est un problème d'environnement et de développement et la vie locale en est affectée. Néanmoins, localement, des initiatives intéressantes sont prises pour contrecarrer la **désertification rurale**, par exemple, ce village de Corrèze qui entreprend de multiples activités avec succès : ce sera l'accueil d'entreprises ou d'associations dont la Fondation Chirac pour accueillir les adultes handicapés, la reprise par la mairie d'une station-essence, une mini-crèche ou l'installation d'un nouveau médecin mais surtout beaucoup de projets … *« A un moment, face aux carences du secteur privé, si l'on veut défendre notre qualité de vie, il faut bien se bagarrer, professe le maire, Jean-François Loge ».*

« L'Express Entreprise », 2/7/2014.

o

La désertification peut être due :

- à la **sécheresse** qui amène la dégradation des terres, des sols, le rachitisme des animaux, des végétaux et leur mort, l'exode des populations et de leur bétail, mais d'autres causes aussi comme la déforestation, les défrichements intensifs ou les feux de forêt laissant les terres à nu, ou parfois, la surexploitation des sites, l'industrialisation…

Cependant sans aller, jusque là, une semi-désertification laissera des sols moins protégés par une végétation clairsemée, des sols **dégradés**, retenant moins l'eau donc il y aura baisse de productivité des sols et baisse des revenus des agriculteurs et pauvreté.

La Convention des Nations Unies sur la lutte contre la désertification, définit la désertification comme « la dégradation des terres dans les zones arides, semi-arides et subhumides sèches par suite de divers facteurs, parmi lesquels les dégradations climatiques et les activités humaines ». Article 1.A de la Convention.

Pour lutter contre la désertification, il n'y a pas une technique unique mais différentes techniques :

- en premier lieu, la sensibilisation de l'opinion publique,
- gérer les écosystèmes arides, semi-arides...
- la coopération technologique et scientifique et développer des idées nouvelles...
- *Pour **contrer** l'inexorable avancée du désert, la Jordanie aidée de la Norvège a mis au point le Sahara Forest Project. L'objectif premier est de restaurer des oasis riches en eau potable, en nourriture et en énergies renouvelables.*

Extrait du compte-rendu de « DECENNIE DES NATIONS UNIES pour les déserts et la lutte contre la désertification. »
www.un.org.fr

- « Les zones sèches et les déserts représentent 41,2% de la superficie mondiale (les déserts : 6,6% et les zones sèches : 34,6%) :

  - 2,1 milliards de personnes vivent dans des déserts et des zones sèches,
  - 90% des populations des zones sèches vivent dans des pays en voie de développement,
  - 50% du cheptel mondial se trouve dans

> les pâturages,
> - 46% du carbone global est stocké dans les zones sèches,
> - 44% de l'ensemble des terres cultivées se situent dans les zones sèches,
> - 30% des plantes cultivées sont originaires des zones arides.

> A l'échelle mondiale, 24% des terres sont en cours de **détérioration**. 1,5 milliards d'individus dépendent directement de ces zones en phase de dégradation. Près de 20 % des terres qui se dégradent sont des terres cultivées et 20-25% sont des pâturages. **Amélioration** : 16% des terres dégradées ont été améliorées entre 1981 et 2003 (43% étaient des pâturages, 18% étaient des terres cultivées).

*

Toutes les données proviennent de l'évaluation de
L'APPLICATION DES **PRINCIPES DE GESTION DURABLE** DES TERRES :

une solution ...

L'application de pratiques de gestion durable des terres aide à lutter contre la désertification et à rétablir et réhabiliter la terre, le sol, l'eau et la végétation. La gestion durable des terres renvoie à l'usage multifonctionnel de la terre et est opposée aux usages monofonctionnels. Il a été démontré que l'application des principes de gestion durable permet d'augmenter les rendements de 30 à 170%. Les terres perdues chaque année pourraient produire 20 millions de tonnes de céréales. La désertification et la dégradation représentent une perte de revenus de 42 milliards de dollars US par an. écosystèmes pour le Millénaire de 2005 ; compte-rendu de « Décennie des Nations Unies ».

A l'échelle internationale, la recherche

scientifique au service de la lutte contre la désertification, s'organise en réseaux tels que ROSELT (Réseau d'Observatoires de Surveillance Ecologique à Long Terme) ou encore DesertNet international. Comité Scientifique Français de la Désertification.

*

Projets – Ouvrages...

- « *Le projet majeur africain de la GRANDE MURAILLE VERTE, Concepts et mise en œuvre- Tome 1* », Livre de Coordination scientifique, Professeur Abdoulaye DIA, Docteur Robin DUPONNOIS. Ouvrage préfacé par Son Excellence Maître Abdoulaye WADE, Président de la République du Sénégal.

Tome 1 « *L'initiative de la Grande Muraille Verte (GMV), projet transcontinental,* est une réponse de l'Afrique à la désertification, à la pauvreté et au changement climatique...(...) mettant en synergie des actions de lutte contre ces trois fléaux majeurs pour le continent africain... »

(**LA GRANDE MURAILLE VERTE,** longue de 7 600 km, large de 15 km ; **Pays concernés** : Gambie, Sénégal, Mauritanie, Burkina-Faso, Nigéria, Niger, Tchad, Soudan, Soudan du Sud, Erythrée, Ethiopie, Djibouti.)

L'APGMV comprend *quatre organes de direction1 :*
une conférence des chefs d'État et de gouvernement,

•un conseil des ministres ;

- un secrétariat exécutif ;
- un comité technique des experts. Le professeur **Abdoulaye Dia** est secrétaire exécutif de l'agence2.

*Le siège de l'organisation a été installé d'abord à **Ndjamena au Tchad 3**, puis la décision est prise de l'installer à Nouakchott en Mauritanie, décision entérinée le* **29 août 2013**.

www.grandemurailleverte.org

« **La Communauté des Etats Sahélo-Sahariens** CEN-SAD et l'Union Africaine ont initié le projet "Grande Muraille Verte ou GMV" qui repose sur une approche concertée et multisectorielle mettant en synergie des actions de lutte contre la désertification, la pauvreté et le changement climatique.

*

La Grande Muraille Verte doit, à terme, être une ceinture de végétation multi-espèces, de Dakar à Djibouti. La GMV aura des effets très positifs sur les populations et leur cadre de vie en améliorant le développement humain et favorisant la lutte contre la pauvreté dans une approche de développement durable. »

- **Tome 2. « LA GRANDE MURAILLE VERTE, Capitalisation des Recherches et valorisation des savoirs locaux - Tome 2 »** 120

> Livre de la Coordination scientifique, Professeur Abdoulaye DIA, Docteur Robin DUPONNOIS. Ouvrage préfacé par Son Excellence Maître Abdoulaye WADE, Président de la République du Sénégal.

*

- **« LES CHAMPIGNONS ectomycorhiziens des arbres forestiers en Afrique de l'Ouest »**, Amadou Bà, Robin Duponnois, Moussa Diabaté, Bernard Dreyfus. Editions DiDactiques.

« La symbiose ectomycorhizienne, phénomène naturel vieux d'environ 250 millions d'années, résulte d'une association mutualiste entre le mycelium d'un champignon du sol et les racines d'une plante hôte. Elle est ainsi au cœur des recherches pour optimiser les opérations de reboisement, la réhabilitation des sols dégradés et pour lutter contre la désertification. »

« ici, la désertification des océans : privés d'oxygène, des organismes meurent et leur décomposition amplifie le déficit en O^2. Cette photo montre un fonds marin en mer Baltique occidentale ». Tel. par Lamiot ; est distribué sous licence CC BY-SA 3.0. Wikipedia

« www.diplomatie.gouv.fr » - *(le point sur la CONVENTION DES NATIONS UNIES : revue Novembre 2011, n°49 »).*

Ce qu'il faut savoir : **La désertification** *est souvent comprise, à tort, comme l'extension des déserts existants, alors qu'il s'agit du phénomène de dégradation des terres « non désertiques » et de destruction de leur potentiel biologique et économique sous l'effet conjugué de facteurs climatiques et de pratiques agricoles inadaptées.*

La Convention Désertification *fait partie des trois conventions dites de Rio, issues du Sommet mondial sur l'environnement et le développement, de 1992 : signée à Paris en 1994. Elle rassemble aujourd'hui 194 Parties.*

Elle se distingue par la priorité explicite donnée à l'Afrique, ainsi que par l'importance accordée à la société civile et la dimension participative de sa mise en œuvre.

Le **plan stratégique décennal,** adopté en 2008, **vise quatre objectifs :**

- améliorer les conditions de vie des populations affectées par la désertification ;
- améliorer l'état des écosystèmes dégradés ;
- dégager des avantages globaux (préservation de la biodiversité, atténuation des changements climatiques, etc.) ;
- mobiliser les ressources en faveur de la mise en œuvre de la Convention.

La Convention appelle les États Parties « affectés » à élaborer des stratégies et plans d'actions nationaux pour la lutte contre la désertification, et les Etats Parties « donateurs », à accompagner la mise en œuvre de ces derniers et à mobiliser des fonds dans ce domaine.

*

0.2.3 L'AMENAGEMENT INTEGRE DU TERRITOIRE

A/Limitation des risques environnementaux : pollution, qualité de l'environnement et santé :

> *La stratégie de l'Etat est décrite dans le second plan national santé-environnement adopté le 24 juin 2009,* en concertation avec les parties prenantes du Grenelle. **Ce plan** vise d'une part à diminuer l'incidence des pathologies liées aux pollutions de notre environnement, et d'autre part à réduire les inégalités environnementales.
>
> **AIR ET POLLUTION ATMOSPHERIQUE**
>
> L'air est plus ou moins contaminé par des polluants produits par les activités humaines ou d'origine naturelle. Le ministère de l'écologie, du développement durable et de l'énergie définit les réglementations relatives aux polluants atmosphériques et met en oeuvre la **surveillance** de la qualité de l'air en garantissant le respect des modalités de surveillance conformément aux dispositions européennes. La surveillance de la qualité de l'air est réalisée sur tout le territoire national par 27 associations (AASQA) agréées par le ministère.
>
> **A L'OCCASION DU SALON DES MAIRES, l'ADEME a organisé une conférence, le mercredi 26 novembre 2014, sur les thèmes de la mobilité, de l'urbanisme et de la qualité de l'air. La Direction générale de l'énergie et du climat (DGEC) interviendra sur les questions de la qualité de l'air.**
>
> En parallèle au vote du projet de loi relatif à la transition énergétique pour la **croissance verte**, qui

prévoit des mesures pour « développer les transports propres pour améliorer la qualité de l'air », cette conférence permettra de présenter les enjeux, les principales évolutions réglementaires dans ces domaines et d'échanger autour de différentes **initiatives** portant des objectifs transversaux climat-air-énergie.

Au programme : urbanisme, mobilité et qualité de l'air ; les nouveautés dans les lois :

1 - L'approche intégratrice par la santé, évaluation de l'impact des projets sur la santé ;

2 - Les outils de sensibilisation et d'information à destination des élus et du grand public. De nombreux exemples de collectivités qui ont réalisé des projets et un aperçu de l'offre de l'Ademe pour accompagner les territoires dans ces projets.

*

A L'OCCASION DES ASSISES NATIONALES DE LA QUALITÉ DE L'AIR 2013, le ministère de l'Écologie, du Développement durable et de l'Énergie et le ministère des Affaires sociales et de la Santé, **ont lancé le Plan d'actions sur la qualité de l'air intérieur.**

Reprenant les préoccupations exprimées lors de la table ronde Santé-Environnement de la Conférence Environnementale de septembre 2012, ce plan prévoit des actions à court, moyen et long terme afin d'améliorer la qualité de l'air dans les espaces clos. Les **enjeux** sanitaires et économiques liés à la qualité de l'air intérieur sont importants. En France on estime entre 10 et 40 milliards d'euros par an le coût de la mauvaise qualité de l'air intérieur, dont 1 milliard pour le remboursement des médicaments anti-asthmatiques. L'asthme frappe 3,5 millions de personnes.

Le comportement des occupants ou utilisateurs

étant un levier essentiel, une campagne de communication sera lancée afin de rappeler les bonnes pratiques et de lutter contre les idées fausses sur la qualité de l'air intérieur. Un outil web d'auto-diagnostic permettra au grand public d'évaluer la qualité de l'air dans son logement.

De nouvelles actions seront engagées afin de limiter les sources de pollution, notamment en travaillant sur l'information et l'étiquetage de certains produits de consommation émetteurs de **polluants** volatils, tels que produits désodorisants (encens, bougies et masquants d'odeur) et produits d'entretien.

(« ***limiter** les nuages de pollution au-dessus de Paris* ») ; (« ***supprimer** les détritus de type déchets ménagers, souvent indicateurs de pollution (métaux lourds, microbes) posant des problèmes de santé publique, notamment dans les régions défavorisées où les eaux de surface sont utilisées pour la boisson, la lessive, la vaisselle, se laver, faire la cuisine, etc... »*)

1 - « les détritus de type déchets ménagers sont souvent indicateurs de pollution » Auteur Stephen Codrington ; est distribué sous licence CC BY 2.5

(métaux lourds, microbes) posant des problèmes de santé publique, notamment dans les régions où les eaux de surface sont utilisées pour la boisson, la lessive, la vaisselle, se laver, faire la cuisine, etc...)   2 - « nuage de pollution au-dessus de Paris »   Tel. par Komencanto   Wikipedia

Une attention particulière sera portée aux meubles pour enfants.

Le plan de **rénovation thermique** des logements s'accompagnera d'une grande vigilance sur la qualité de l'air intérieur : renforcement de ce volet dans les certifications existantes, mobilisation de l'ensemble des professionnels du bâtiment sur la qualité de l'aération-ventilation dans les projets de rénovation thermique ou de construction de bâtiments. La **formation** des professionnels du bâtiment et de la santé sera renforcée. Enfin, des lieux et pollutions spécifiques feront l'objet d'actions ciblées, tels que les métros souterrains, où un groupe de travail élaborera une méthodologie de surveillance et expérimentera des stratégies de réduction des pollutions.

> La mise en œuvre de ce plan d'actions intégrera le troisième Plan national santé environnement et sera décliné en région dans les Plans régionaux santé environnement 3. *Ministère de l'écologie, du développement durable, de l'énergie.*

*

CO^2... RECHAUFFEMENT CLIMATIQUE... ECOSYSTEME ! DES MOTS QU'IL NE FAUT PAS OUBLIER !

En raison de la courbe d'émission de gaz à effet de serre qui devient inquiétante, les climatologues prévoyant un réchauffement global de 3 à 4° Celsius vers 2070, dans certains endroits de la planète, s'inquiètent car

- en se réchauffant, le climat favorisera des réactions diverses, notamment au niveau des pôles, la fonte des glaciers... et

- une augmentation du niveau de la mer, d'une quarantaine de centimètres, pourrait amener environ 200 millions de personnes à se déplacer ...

- les courants marins, quant à eux, agiraient comme des tapis roulants, parcourant les océans du globe : ce qui multiplierait les événements météorologiques extrêmes : typhons, tsunamis...

- ***par ailleurs, du fait de la modification des écosystèmes, 30 à 70 % des espèces pourraient disparaître d'ici 70 ans !***

- **Jean-Christophe Vié rappelle, que** « *Jusqu'à maintenant, les berceaux de la biodiversité, Amazonie et Afrique centrale en tête, jouissaient d'une relative protection.... Mais les zones urbaines et la déforestation font tache d'huile. Près de 40% de la forêt amazonienne auront peut-être disparu d'ici 2050...* » **-**

« *Spécial L'Express 60 ans, 2013/2073, la Planète* », n° 3230 du 22 mai 2013 -

et suite à la question « qu'en sera t-il, en 2050, de la quantité d'eau disponible par habitant ?

« *... pensons que près de 5 milliards d'individus devraient souffrir du manque d'eau – dû en partie à la consommation de l'eau pour les usages domestiques et les besoins agricoles, s'amplifiant avec le réchauffement climatique...* »

- **dans les océans,** selon l'ONU, 30% des réserves de poissons ont déjà disparu ... d'ici 2050, la surexploitation pourrait avoir tuer la vie océanique : les industriels s'étant dotés d'outils sur-dimensionnés...or, en 2013, 1 personne sur 7 vit de la pêche...

- **quant aux Abeilles ?** Il existe 20 000 espèces d'abeilles, de guêpes, de bourdons dans le monde mais c'est la disparition de l'espèce quasi-unique :

> l'abeille mellifère, qui inquiète ! Les dangers proviennent des insecticides, fongicides, désherbants...
>
> – **Selon Vincent Tardieu, « pour protéger les abeilles, il faudrait recourir à l'agroécologie....**
>
> « le bouleversement de paysages agricoles devenus trop homogènes réduit aussi le temps de butinage puisque tout fleurit en même temps. Le « service rendu » par les insectes pollinisateurs s'évaluerait à plus de 150 milliards d'euros par an. Mais les abeilles sont aussi porteuses de symboles. Leur organisation sociale nous fascine et ce sont des sentinelles : leur état reflète celui du milieu où elles évoluent. » (propos recueillis par O.L.N).
>
> **Par conséquent, sans déséquilibrer les écosystèmes, pour contrer les « effets de serre » : pourquoi ne pas intensifier la plantation des arbres, des forêts ? et l'agroforesterie !**

... Encore que le climatologue Hervé Le Treut, qui dirige l'Institut Pierre-Simon-Laplace, précise que : « … Le système est extrêmement complexe. Il met en branle les océans, les circulations atmosphériques, la biodiversité, le cycle de l'eau. On ne sait pas comment ils vont interagir... sous l'effet du réchauffement, le climat provoquera des réactions en chaîne imprévisibles. »

Il mise sur une compréhension croissante des phénomènes en jeu et une capacité accrue à diagnostiquer la suite des événements...

« Pour enrayer les prévisions les plus pessimistes, il faudra limiter la hausse des températures à 2 degrés : Il faudra engager absolument une mutation énergétique

mondiale, qui divisera par deux les émissions de gaz à effet de serre à l'horizon de 2050. »

« *Spécial L'Express 60 ans, 2013/2073, la Planète* » - *n° 3230 du 22 mai 2013.*

L'AGRICULTURE DURABLE ECOLOGIQUE & PRODUCTIVE va dans ce sens !

*

Le respect de l'environnement :

« ... **Les Chinois s'enorgueillissent**, à leur tour, de leurs efforts en faveur de la promotion de l'environnement agricole. En 1991, le village de Xiaozhangzhuang, situé dans la plaine du Huabei, dans la province de l'Anhui, a reçu le prix de la protection de l'environnement décerné par les Nations Unies. Dans cette plaine du Huabei, l'agriculture biologique est pratiquée de façon courante : le reboisement est destiné à lutter contre l'érosion. Grâce aux innovations, des villages naguère pauvres commencent à sortir de la misère.

Une invention originale, qui doit être répercutée rapidement, a été expérimentée au centre de production forestière de Hetao, dans la banlieue de la ville de Bozhou, près du district de Woyang.

Il s'agit de l'agriculture biologique dite domestique qui consiste à transformer une maison en une mini-exploitation agricole, c'est-à-dire une ferme. « Sur 0,02 ha d'espace disponible, l'exploitant a construit ainsi, au centre un vivier de 20 mètres carrés et de 2 mètres de profondeur, dans lequel il élève des poissons dont la vente rapporte annuellement de 2 000 à 3 000 yuans». Des vignes entourent le vivier et produisent chaque année, plus d'une tonne de raisin dont le rapport est de 1 500 yuans. A côté du vivier, se trouvent un pigeonnier et une porcherie sur le toit de laquelle est juché un poulailler : l'ensemble permet d'élever une quarantaine de pigeons, une dizaine de porcs et une vingtaine de poulets. Sur le toit du poulailler est installé un chauffe-eau à énergie solaire ; une fosse génératrice de méthane a été construite sous la porcherie. Un petit potager assure en toute saison la fourniture de légumes. Les excréments des poulets servent de nourriture aux porcs, ceux de l'homme sont versés dans la fosse à méthane qui fournit le combustible.

Ce « bond en avant » est déjà très apprécié à l'échelle locale. L'éventail d'innovations est constamment élargi (plantation d'arbres fruitiers, culture de champignons comestibles, introduction à l'apiculture, etc...). »

Gabriel WACKERMANN, « Agriculture et Mutations Mondiales » - Encyclopédie Universalis.

.... Restera-t-il, en France, des agriculteurs pour cultiver la terre ?

– *Pierre Rabhi, paysan, écrivain et philosophe, pose la question dans le numéro « Spécial / L'Express 60 ans : La Planète » – n° 3230 du 29 mai 2013. (propos recueillis par O.L.N.)*

« La question serait plutôt : y aura-t-il encore une terre saine à cultiver ? Il faut que chaque citoyen se rende bien compte que, par les pratiques modernes, nous détruisons la terre-mère, celle qui nous nourrit. Et il ne s'agit pas là d'une métaphore. La terre, ce sont des bactéries, des vers de terre, toutes sortes d'insectes. L'apport de produits chimiques abîme tout – cette vie souterraine, le sol, les plantes, l'eau – par des pratiques inintelligentes. Le défit est à la fois de produire et de maintenir le patrimoine nourricier, voire de l'améliorer. Ce qui est parfaitement possible, à condition de respecter la vie et de revenir à de saines pratiques. Autre sujet d'inquiétude : nous sommes en train de perdre le patrimoine « semencier » accumulé depuis des millénaires. Aujourd'hui 60 % des graines ont disparu. Et on prétend prendre le relais avec les OGM, qui rendent les paysans dépendants des fabricants. Il s'agit là d'un véritable crime contre

> *l'humanité. Avec le modèle actuel, le risque de famines à court ou moyen terme est évident, et nous oblige à avoir recours à toujours plus d'artifices chimiques. Il faut sortir de cette démarche suicidaire. »*

Or, il est possible, afin de nourrir mieux la planète, de se diriger vers une agriculture plus productive, plus compétitive qui, également préserve l'environnement ainsi que les personnes : une agriculture durable – et de bénéficier à nouveau, de la qualité d'un sol régénéré, de l'eau, de l'air... la protection de l'écosystème... le respect des territoires ruraux.

une Agriculture Nouvelle, Productive, Durable !

*

B/ Limitation des nuisances (olfactives, sonores...) :

Les nuisances sonores ou olfactives peuvent être considérées comme un trouble anormal de voisinage :

- ce sera des **troubles** provoquées par un particulier : amoncellement d'ordures, utilisation intempestive de fumier, etc....
- cela pourra être par une société : un site d'élevage porcin, un poulailler, restaurant, émission d'odeurs chimiques d'une usine, etc...

Code de l'environnement- Chapitre 1er : Lutte contre le bruit. Art. 571-1 – modifié par l'Ordonnance n°2004-1199, du 12 novembre 2004 – art. 1 JORF 14 novembre 2004.

> « Les dispositions du présent chapitre ont pour objet, dans les domaines où il n'y est pas pourvu, de prévenir, supprimer ou limiter l'émission ou la propagation sans nécessité ou par manque de précautions des bruits ou des vibrations de nature à présenter des dangers, à causer un trouble excessif aux personnes, à nuire à leur santé ou à porter atteinte à l'environnement. »
>
> *www.légifrance.gouv.fr*

C/ la Limitation des pollutions (de l'eau, de l'air, du sol)   (le tout, traité de la page 66 à la page 74)

D/ Réduction de la production de déchets ou transformation :

Les déchets constituent la principale **source** de pollution et peuvent être produits tant par les particuliers, les collectivités que par les entreprises. Ce sont des **détritus**, des débris, des déchets d'équipement, des déchets en mer, des déchets provenant du secteur du bâtiment (BTP), ou d'une activité économique, industrielle mais aussi des centres de soins, hôpitaux, particulièrement toxiques...

Que ce soit chez les particuliers, les collectivités, les entreprises, la production des déchets augmente régulièrement, aussi de nouvelles techniques concernant leur gestion ont été (trouvées) : le recyclage, les déchetteries, des unités de traitement.... *La Direction régionale de l'ADEME, réseau de Chargés de Mission,* peut intervenir auprès des entreprises afin de les sensibiliser, de leur faire prendre conscience des **risques** environnementaux que leurs déchets peuvent faire courir à la société. Les prises de risques ne se situent plus à l'environnement immédiat, d'ailleurs les risques ne sont pas forcément connus. En effet, les conséquences de l'enfouissement nucléaire ou du captage et du **stockage** de carbone se révéleront à long terme.

*

a) La Gestion des produits chimiques

> Ministère de l'écologie, du développement durable, de l'énergie :
>
> Depuis l'entrée en vigueur du règlement européen REACH, en 2007, il appartient à toute entreprise qui met sur le marché des produits chimiques en quantité significative, d'en évaluer préalablement l'impact sur la santé et l'environnement. L'Etat élabore le cadre réglementaire national applicable aux produits chimiques et en contrôle l'application.
>
> Le règlement européen REACH a franchi une étape importante le 31 mai 2013 avec l'échéance d'enregistrement obligatoire de toutes les substances chimiques "phase-in" (existantes sur le marché communautaire au 1er juin 2008 devant être enregistrées mais bénéficiant d'un étalement dans le temps) fabriquées ou importées en quantités supérieures à 100 tonnes par an.
>
> Les dossiers d'enregistrement déposés auprès de l'Agence européenne des produits chimiques permettront de mieux **connaître** ces substances et d'en évaluer les effets sur la santé et l'environnement pour mieux les gérer.

Apprendre à gérer ses déchets *:*

La PREDD *(Plan régional d'élimination des déchets dangereux)* aide à la gestion des *déchets dangereux* (solvants, peintures, piles, téléphones portables, produits phytosanitaires ...) ou déchet d'activités de soins.

b) La Gestion, transformation des déchets :

« La gestion des déchets, une des branches de la *rudologie* appliquée, est la collecte, le transport et le traitement. La *rudologie* est l'étude systématique des déchets, des biens et espaces déclassés : elle a été crée en 1985 par Jean Gouhier, géographe à l'Université du Maine ».

Ministère de l'écologie, du développement durable, de l'énergie précise :

« la responsabilité de la **gestion des déchets** repose sur ceux qui les produisent. L'Etat fixe la politique et le cadre réglementaire, avec comme priorité la prévention, la valorisation et la réduction des impacts environnementaux et sanitaires... axes stratégiques définis par le Plan d'action de 2009. »

*

Le Décret du 11 juillet 2011 portant diverses dispositions relatives à la prévention et à la gestion des déchets (n° 2011-828).

12 juillet 2011, Prévention des Risques.

Le décret achève la transposition de la directive cadre déchets de 2008 (partie réglementaire), il est également pris en application de la loi « Grenelle 2 », en réformant la planification territoriale des déchets, en limitant les quantités de déchets qui peuvent être incinérés ou mis en décharge, en imposant la collecte séparée aux gros producteurs de biodéchets en vue de leur valorisation.

L'ordonnance du 17 décembre 2010 portant diverses dispositions d'adaptation au droit de l'Union

> **Européenne dans le domaine des déchets** (n° 2010-1579) : *12 juillet 2011, Prévention des Risques.*
>
> L'ordonnance transpose en droit français la directive cadre sur les déchets de 2008 (partie législative). Elle précise ce qu'est un déchet, privilégie la prévention de la production de déchets, introduit une hiérarchie dans leurs modes de traitement, avec priorité à la réutilisation, au recyclage et à la valorisation.

E/ Surveillance énergétique : *Des produits de surveillance de la consommation énergétique, des périodes d'utilisation maximale de l'électricité, des coûts ainsi que de la qualité de l'alimentation utilisée, existent et permettent d'équilibrer le budget familial ou de l'entreprise.*

> **ECONOMIE D'ENERGIE**
>
> On entend par économies d'énergie l'ensemble des actions économiquement rentables entreprises pour réduire les consommations d'énergie, (par exemple l'utilisation de lampes à basse consommation) ainsi que pour consommer l'énergie de façon optimale (par exemple la récupération de chaleur perdue dans les gaz de combustion, la valorisation énergétique des déchets).
>
> *Ministère de l'écologie, du développement durable, de l'énergie.*

F/ Réseau de communication :

> **Définition :** *Qu'est-ce qu'un réseau de communication ?*
>
> « Un réseau de communication peut être défini comme **l'ensemble des ressources matériels et**

> logiciels liées à la transmission et l'**échange d'information** entre différentes **entités**. Suivant leur organisation, ou architecture, les distances, les vitesses de transmission et la nature des informations transmises, les réseaux font l'objet d'un certain nombre de **spécifications** et de **normes**. »
>
> « *Réseaux et Télécommunications 2006* », Ahmed Mehaoui, Professeur Université Paris V -

Sont considérés comme des réseaux de communications électroniques :

- « les réseaux satellitaires, les réseaux terrestres, les systèmes utilisant le réseau électrique pour autant qu'ils servent à l'acheminement de communications électroniques et les réseaux assurant la diffusion ou utilisés pour la distribution de services de communication audiovisuelle. »

    Source : Code des postes et des communications électroniques modifié par la loi n°2004-669 du 9 juillet 2004 relative aux communications électroniques et aux services de communication audiovisuelle.

Le terme de « réseau de communications électroniques » remplace le terme de « réseau de télécommunications ».

*

0.2.4 – LA PRODUCTION...

A/ la terre, la forêt/le bois, la mer : les cultures

LES SYSTEMES CULTURAUX
qui tiendront compte du climat, des besoins...

1 – la monoculture

- il s'agit d'une forme d'agriculture qui repose sur une seule espèce végétale au niveau des parcelles cultivées comme de la succession des cultures au cours des années.

- « Cette formule est déconseillée d'un point de vue agronomique car elle entraîne l'épuisement des sols et peut poser des problèmes vis-à-vis du développement de maladies ou de ravageurs et de la biodiversité. » *www.futura-sciences.com*

2 – la polyculture

- la polyculture est le fait de cultiver plusieurs espèces végétales dans une même exploitation.

  Ce système cultural s'oppose à la monoculture.

3 – la culture hors-sol (ou hydroponie) :
La culture hors-sol biologique, inspirée du cycle naturel des plantes, est capable d'apporter des solutions au problème de stérilité des sols ou à la sécheresse ou aux petites surfaces cultivables.

1 – exemple d'association végétale bénéfique : les oeillets d'inde protègent les tomates et carottes des attaques parasitaires. » Auteur Airelle ; **est distribué sous licence CC BY-SA 3.0.**
2 - « un chercheur de la NASA vérifie les oignons hydroponiques : à sa gauche, se trouve la laitue Bibb – à sa droite, des radis » Tel. par Bkwillwm Wikipedia

N'est-ce pas la culture des plantes sur l'eau qui était déjà pratiquée par les Aztèques et utilisée à Babylone, pour les jardins suspendus ? Cependant, c'est lors de la seconde guerre mondiale que les Etats-Unis ont lancé la culture en **hydroponie**, pour remédier au manque de légumes frais dans l'armée.

4 – les grandes cultures (voir également page 44)

- « en 2010, 30% des exploitations spécialisées en grandes cultures, sont des exploitations de grande dimension économique, contre 25% en 2000. Cette évolution correspond cependant à celle de l'ensemble des exploitations. Certaines cultures sont plus présentes au sein des grandes exploitations. Par exemple, 95% de la surface en pommes de terre et 90% de celle de betteraves y sont implantées. La surface de ces cultures augmente depuis 2000, alors qu'elle recule dans l'ensemble des exploitations. Cette spécialisation est moindre pour les autres cultures. » *www.agreste.agriculture.gouv.fr*

5 – *les cultures associées* (voir également page 41)

- il s'agit d'un système cultivant plusieurs espèces végétales ou variétés sur la même parcelle ; ce système cultural attractif, rentable, particulièrement adapté à l'agriculture durable, protège l'environnement ;

  – il peut y avoir deux ou plusieurs espèces semées en même temps par exemple une plante potagère et une légumineuse,

  – et on parle d'agroforesterie lorsqu'on associe les plantes potagères et les arbres...

6 – *les cultures intégrées* (voir également page 43)

Cette agriculture est différente de l'agriculture raisonnée. Elle est une agriculture respectueuse de l'environnement :

  – la culture intégrée est une « conception de la protection des cultures » pour éviter les produits chimiques...) ...

7 – *la rotation des cultures (l'assolement)* voir également page 25)

En agriculture ou simplement en jardinage, c'est une technique culturale intéressante qui a pour objet d'améliorer la fertilité des sols donc augmenter les rendements.

8 – *l'agriculture biologique*   *www.agriculture.gouv.fr*

L'agriculture biologique (AB) est l'identification de la qualité et de l'origine : une qualité attachée à un mode de production respectueux de l'environnement et du bien-être animal.

- **Une réglementation spécifique, contrôlée par des organismes de certification agréés par les pouvoirs publics :**

  l'agriculture biologique est soumise à une **réglementation spécifique** européenne applicable par tous les Etats membres et complétée par des dispositions nationales supplémentaires. A compter du 1er janvier 2009, c'est le règlement européen 834/2007 du Conseil du 28 juin 2007 qui s'applique.

- Les opérateurs de la filière bio sont contrôlés par des **organismes certificateurs agréés** par les pouvoirs publics français et répondant à des critères d'indépendance, d'impartialité, d'efficacité et de compétence. Ils sont au nombre de huit en France : Ecocert, Agrocert, Certipaq, Bureau Véritas Certification, Certisud, Certis, Bureau Alpes Contrôles et Qualisud".

- **Un identifiant, la marque AB**

  La marque AB est une marque collective de certification, d'usage volontaire et propriété du ministère de l'agriculture.

  Elle identifie les produits d'origine agricole destinés à l'alimentation humaine ou à l'alimentation animale qui respectent, depuis le producteur jusqu'au consommateur ; la réglementation et le contrôle bio tels qu'ils sont appliqués en France, ainsi que de fortes exigences de traçabilité.

- Dans le cas des aliments composés, la marque AB garantit un minimum de 95% de produits d'origine agricole biologiques, le reste étant composé de produits non disponibles en bio en quantité suffisante (produits exotiques, certaines épices...).

- Les conditions d'usage de cette marque à des fins de communication, ainsi que son graphisme sont contrôlés par **l'Agence Bio** sous la responsabilité du ministère de l'agriculture.
- **Le logo européen**

La présence de ce logo sur l'étiquetage assure le respect du règlement sur l'agriculture biologique de l'Union européenne.

9 – *l'agriculture vivrière*

Cette agriculture tournée vers l'auto-consommation sera une agriculture destinée à la famille et ne sera pas destinée à être commercialisée.

L'obtention des semences se fait auprès des semenciers qui assurent la qualité de la semence vendue. En effet, il existe plusieurs catégories de semences : les semences paysannes et les semences certifiées. Selon l'ONG Grain, il n'y a que 32,5% des semences au niveau mondial, qui sont certifiées, seul un tiers des paysans du monde, 250 millions en 2012, les utilisent.

En tant que produit de la terre : la Convention de la diversité biologique (CDB) protège la fonction de la semence ; alors qu'en tant que ressource biologique, partie de la diversité génétique, elle est régie par le Traité international sur les ressources phytogénétiques utiles à l'alimentation et à l'agriculture (TIRPAA).

Aussi, de nombreuses conventions et lois réglementent l'ensemencement (pour la protection des « obtentions végétales ») :

2/12/1961, convention UPOV, - 11/6/1970, au terme de la loi n°70-489, - loi du 28/11/2011, etc...

S'il s'agit d'une culture particulièrement importante dans les Pays du Tiers Monde et dans les Pays du Sud, cette agriculture familiale représente dans le monde, environ 20%de l'agriculture (on estime à 1,2 milliard d'agriculteurs).

page précédente : « ce mandala résume les principes de la permaculture »
Auteur : Graham Burnett ; est distribué sous licence CC BY-SA 3.0.
Wikipedia

10 – la permaculture

La permaculture est un mouvement qui relie tous les éléments d'un système les uns avec les autres...

> « *L'esprit de la permaculture* est de relier tous les éléments d'un système les uns avec les autres, y compris les êtres humains. Tout particulièrement, la permaculture va chercher à recréer la grande diversité et l'interdépendance qui existent naturellement dans des écosystèmes naturels, afin d'assurer à chaque composante, et au système global, santé, efficacité et résilience. C'est un fonctionnement en boucle où chaque élément vient nourrir les autres, sans produire de déchets « exportables ». Dans son application agricole, la permaculture s'inspire beaucoup des forêts où le sol n'est pas travaillé ; *l'agro-écologie est un mouvement.* Cyril Dion   http://www.permaculture.fr

o

. le Mouvement Colibris...
Présentation du Mouvement ...

« Le Mouvement le Colibris a été créé par Pierre Rabhi*, pour relier les énergies et structurer un réseau vivant... Ce sont tous ces individus qui inventent, expérimentent et coopèrent concrètement, pour bâtir des modèles de vie en commun, respectueux de la nature et de l'être humain »

11 - la méthode ZAÏ (voir également page 62) *est une excellente technique culturale, réapparue depuis 1980, pour les régions manquant d'eau et surtout pour récupérer des terres incultivables.* ...

12 – l'agroforesterie (voir explications page 55) . -
le système AGROFORESTIER, permet de rééquilibrer le stock de carbone qui se trouve dans la couche arable (20 à 30 cm d'épaisseur) du sol. Or c'est le sol qui est le plus grand réservoir de carbone de la planète...

13 – l'élevage *(à l'écoute de la biodiversité des pâturages). Là aussi, il faut prendre en compte les problématiques nouvelles, techniques et sanitaires, face aux nécessités de l'Agriculture Durable.*

- Le système d'élevage durable, sur le plan socio-économique et environnemental, aborde les ressources alimentaires des animaux, l'adaptation des animaux, la production animale, les systèmes d'élevage...

  la prévention et surveillance :
  Certaines études sont propres à l'AVEM (Association Vétérinaire, Eleveurs du Millanois), qui dans son programme Recherche et Développement, préconise, suite aux cas de mortalité d'agneaux, d'agnelets laitiers en 2012/2013 :

- .... l'analyse de la mortalité des agneaux, utilisation de la méthode HACCP pour la maîtrise du parasitisme, enquêtes technico-économiques en partenariat avec le CETA, de l'herbe au lait, bilan azoté apparent des élevages et effluents d'élevage.
- D'autres études se font en partenariat avec UNICOR et sont incluses dans son programme *Recherche et Développement,* par exemple : pré-enquête Listéria, essais probiotiques sur la croissance des agnelles, conduite des agnelles, avortements et contrôle des vaccins, qualité du lait, alimentation.
  - Par ailleurs, concernant **l'approche globale de la santé animale BIO & conventionnelle,** l'AVEM, lors de ses visites annuelles :
  - *observe les facteurs de risques de l'élevage : le bâtiment et maladie respiratoire, Mammite et Machine à traire et alimentation, maladies environnementales et hygiène.*
  - *regarde les registres d'élevage et notamment le carnet sanitaire, les différents résultats d'analyses (parasitologie, sérologie, bactériologie...), propositions d'actions futures à mener...*
  - D'autres groupes d'éleveurs travaillent à la manière de l'AVEM avec des structures vétérinaires qui sont fédérées par la Fédération des Eleveurs Vétérinaires en Convention (FEVEC) *www.fevec.fr*
  - Pour les produits vétérinaires, une convention AVEM-UNICOR existe depuis 1981...

- De plus, le développement de la notion de la durabilité en agriculture a amené l'AVEM a réaliser une grille de durabilité en 2002 afin de mettre en évidence la différence entre élevages bios et conventionnels et identifier les secteurs clés de la durabilité dans les exploitations ovins laits du rayon de Roquefort.

- Elle a porté aussi sur les effluents d'élevage et la gestion des fumiers, aboutissant à un meilleure méthode de fertilisation. Quant au bilan énergétique, il a permis de percevoir l'impact des pratiques d'élevage sur la consommation de l'énergie fossile non renouvelable tout comme cela a été fait pour le secteur « bâtiment, matériels... ».

Enfin, ont été étudiées les conditions de travail et les améliorations possibles de la durabilité sociale :

- les conditions de travail et la qualité de vie sont devenues des atouts,
- les agriculteurs sont impliqués dans le développement local,
- les « pics de travaux » restent majoritairement une contrainte, néanmoins la main-d'oeuvre/ha disponible est devenue un atout,
- le temps de travail : objectif pour la majorité des exploitations.

14 – les filières intégrées (voir les cultures et filières intégrées page 43)

(Insee : la filière intégrée veut dire un accord entre plusieurs branches) - Il s'agit de relier entr'eux, par des contrats... »

*

B/ L'appareil de production et l'amélioration des systèmes...
L'appareil de production est l'ensemble des moyens techniques organisés pour l'exploitation du domaine agricole.

Dans chaque exploitation agricole, la bonne connaissance de l'appareil de production est l'élément qui permettra la performance dans le temps. En fonction des choix des productions, les appareils sont comparés en fonction de leur affectation, de leur qualité, de leur performance... l'analyse commence par l'étude des potentialités de chaque secteur : la terre, la main d'oeuvre (force de travail), les biens et les facteurs de production (intrants : semences, plants, engrais...).

Le système de production ou appareil de production est la résultante d'interactions entre les sous-systèmes : milieu naturel (les écosystèmes) et milieu humain (l'organisation socio-économique). En effet, les écosystèmes : le climat, les sols, végétation, ou faune, où l'homme a pu souvent intervenir, le modifiant – mais qui ont pu aussi évoluer, transformant les paysages et les productions. Dès l'origine, les techniques interviennent ; le producteur fera une agriculture de subsistance ou, en vue d'un commerce, à ce moment là, destinée à la vente ou en vue de troc entre cultivateurs, etc...

La terre, espace de production au sol plus ou moins fertile, plus ou moins dégradé parfois, comprend un ensemble, des parcelles parfois dispersées, propriété de l'exploitant. Lorsqu'il souhaite modifier ou simplement améliorer l'appareil de production, il mettra au point un plan de production, tenant compte de l'espace de production à transformer et de tous les facteurs – ainsi qu'un plan de gestion – afin de définir le temps pour une évolution plus ou moins rapide.

C/ Les forces de Travail et les biens de Production. Concernant les forces de production, ce sera la main d'oeuvre employée ou les collaborateurs, des petits groupes sociaux ayant une histoire personnelle, une culture différente parfois, qui forment l'entreprise. Ils assurent la réalisation des produits grâce à leur niveau d'étude et apprentissage, leur savoir-faire, leur expérience acquise au cours des ans et bien sûr, en tenant compte de leur état de santé.

Enfin, les biens de production sont les biens nécessaires dans le processus de production. C'est le capital, l'énergie, les animaux, les instruments utiles à la culture, les outils, les semences et plants, les engrais, les moyens de transport, etc...

Par ailleurs, s'il s'agit d'une exploitation dirigée vers l'élevage, la culture, ce sera les terres ou les prairies qui primeront, la qualité, le potentiel ou la production animale.

L'analyse des charges de l'exploitation devient immédiat (alimentation, semences, plants, produits phytosanitaires puis carburant, salaires et charges, entretien des locaux, assurances...) puis faire les comparaisons avec d'autres exploitations lorsque cela est possible...

D/ La traçabilité des produits (appelée aussi « tracing ») - grâce à la fiche de traçabilité ou du code à barres – a été mise en place afin d'assurer la sécurité sanitaire notamment des aliments...

Elle permet de connaître le parcours des produits de tous les secteurs commerciaux. Ainsi, il est possible de savoir son origine, de contrôler sa qualité tout au long du parcours et, en cas de défaillance, d'identifier les causes du problèmes.

La normalisation ayant trait aux denrées alimentaires est constituée par une série de *normes internationales ISO 22 000 sur la sécurité des denrées alimentaires.*

> *En Europe, la traçabilité des aliments est sous le contrôle de l'EFSA (Autorité Européenne de Sécurité des Aliments). Elle est chargée de veiller au respect de l'application des règles et bonnes pratiques en matière de traçabilité alimentaire.*
>
> *En matière de traçabilité alimentaire, la réglementation européenne se veut de plus en plus stricte à l'égard des professionnels afin d'assurer une transparence totale aux consommateurs.*

> La loi impose une obligation de traçabilité en ce qui concerne la filière viande et ce, de la naissance de l'animal, à sa consommation : de la « fourche à la fourchette ».
>
> Pour les autres filières alimentaires, la traçabilité est une démarche volontaire, mais toutefois nécessaire pour assurer un gage de qualité aux consommateurs. Le nombre d'informations à collecter et à stocker peut être impressionnant, c'est pourquoi un système de traçabilité efficace doit être mis en place.
>
> *Guide pratique AFID - « comprendre-choisir : la Traçabilité alimentaire »*

*

0.2.5 – LES CONDITIONS SOCIO-ECONOMIQUES

A/ l'habitat :

La ferme est une exploitation agricole exploitée : en fait elle désigne un domaine agricole... Elle se compose de bâtiments d'habitation, de granges, de dépendances, de bâtiments spécialisés destinés à l'élevage (étables, écuries) ou à la transformation des produits de base, pouvant être alors un hangar, un moulin, un fournil, une cave à vin avec son pressoir, une laiterie et fromagerie, un moulin à huile pour oléagineux, etc...

Allegre. - Un groupe de Dentellières, rue des Boucheries.

Page précédente :   *1 - « dentellières d'Allègre en Velay »   Tel. par JPS68*

2 - « dentellière travaillant aux fuseaux » Auteur Supermanu ; est distribué sous licence CC BY-SA 3.0.

3 - « Musée de la dentelle, à Caudry – Nord (France) – Auteur : Christophe Marcheux ; est distribué sous licence CC BY 2.5.   *Wikipedia*

B/ l'assainissement

Concernant toutes les fermes :

le 30 décembre 2006, une nouvelle loi sur l'eau et les milieux aquatiques a prévu le contrôle et la **réhabilitation**, pour le 1er janvier 2013, des **installations** d'assainissement non collectif ; cela représente un progrès dans la lutte contre les pollutions diffuses.

Il s'agit là de l'équipement d'assainissement, dispositif individuel, autonome ; chaque habitation, si elle n'est pas raccordée à un réseau de collecte des eaux usées, de traitement des eaux usées (égouts), doit les traiter sur place, avant de les rejeter dans le milieu naturel.

Les types d'eaux usées sont :
- les eaux grises provenant des lavabos, cuisine, lave-linge, douches, bains, etc.,
- les eaux vannes issues des eaux des toilettes (elles sont responsables de 60% des pollutions à traiter).

Ces eaux polluées peuvent créer des nuisances environnementales et surtout des risques sanitaires. Cette décision sauvegarde le milieu naturel.

Pollution engendrée par une personne consommant 150 à 200 litres d'eau par jour

Le SPANC :

Il s'agit d'un « *Service Public d'assainissement non collectif* », financé par une redevance, créé par les collectivités locales, suite à la loi sur l'eau du 3 janvier 1992, chargé de contrôler les installations d'assainissement non collectif des particuliers.

*

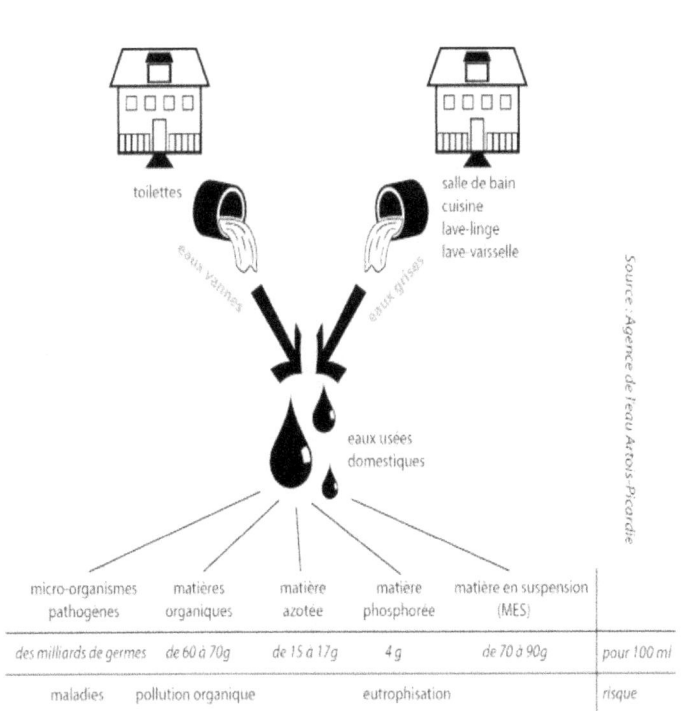

« *Dossier de l'AREHN - (Agence régionale de l'environnement de Haute-Normandie), - décembre 2009* »

*

C/ l'éducation

« *L'école est un des piliers nécessaires à la vie quotidienne des familles* » et l'école rurale, du fait de sa petite structure, a des aspects positifs.

En effet, dans cette petite école, parfois à classe unique, composée d'une classe multi-âges, l'enfant s'épanouit, à son rythme, un atout pour son développement, son équilibre. On y parle de la vie de son village, de sa mairie, de son église, de ses commerces... et les enfants sont sur leur lieu de vie ; l'école est fortement inscrite dans son territoire.

Selon la FAO, à travers le monde :

La mission de l'école rurale...

« L'école rurale a pour vocation de promouvoir, guider et développer les compétences intellectuelles, morales et techniques des enfants des campagnes. Elle doit les préparer à affronter, comprendre et résoudre des problèmes spécifiques, qui s'imposent à l'amélioration de leur niveau de vie, à la fois dans le monde où ils sont nés et lorsqu'ils migrent vers les villes.

En d'autres termes, l'importance de l'école rurale réside dans sa contribution effective à la préparation des enfants et des jeunes gens des campagnes à jouer un rôle actif et responsable dans la vie sociale, économique et politique de leur communauté, leur région, leur pays... »

D/ l'hygiène :

L'hygiène et l'assainissement en milieu rural

Conformément aux dispositions du dernier alinéa de l'article R.421-15 du Code de l'Urbanisme, la D.D.A.S.S. doit donner son accord pour la création d'un élevage dont le dossier aura présenté le plan de masse, le plan détaillé de l'installation et le plan d'épandage des eaux résiduaires et des déjections. L'implantation devra respecter le périmètre de protection des sources, puits, captages et prises d'eau, et zone de baignade...

L'UNICEF et l'IRC (Centre Internationnal de l'eau et de l'assainissement), en 1998, présentaient un manuel à portée mondiale, ayant trait à l'hygiène et l'assainissement en milieu scolaire.

« *Les enfants sont les agents du changement. Si nous mettons l'accent sur les enfants d'âge scolaire en leur donnant les outils et les connaissances leur permettant de changer de comportement, les générations futures seront mieux préparées à prendre soin de leur famille, de la santé de leur communauté et de leur environnement.* » « *Sadig Rasheed, Directeur, Division des programmes, Siège de l'UNICEF à New-York, le 26 mars 1998* ».

E/ la santé :

« Il n'y a pas un, mais des milieux ruraux... car il y a :

- un milieu rural isolé, vivant encore «dans l'agriculture » et dont la population est vieillissante, et un milieu rural péri-urbain, à proximité immédiate d'une ville et dont la population est encore jeune.

Dans chacun d'eux, il faut définir les spécificités de l'offre et de la demande de soins en milieu rural car on ne consomme pas les mêmes soins en milieu rural qu'en milieu urbain.

Cependant, la MSA (Mutualité Sociale Agricole), deuxième régime de protection sociale en France, gère la protection sociale et complémentaire de l'ensemble de la population agricole.

C'est à la fois un organisme
- d'assurance maladie,
- de prestations familiales,
- d'assurance vieillesse, et de recouvrement, chargé d'encaisser les cotisations nécessaires au paiement des prestations à l'agriculteur et à sa famille.

o

- En milieu rural, pour pallier à l'éloignement ou au manque de médecin, la permanence des soins ambulatoires, PDSA, organisation fonctionnant depuis le 1er avril 2012, adaptée à chaque territoire, assure la permanence des soins en fonction des besoins de santé et des spécificités locales.
- La permanence est assurée par des médecins de cabinets médicaux, de centres de santé, etc...

« ... Les informations sur ces organismes concernent tant la consommation que l'offre de soins (indicateur assurance maladie), la démographie ou les caractéristiques socio-économiques des territoires (résultat du recensement de la population INSEE) ;

ou encore l'état de santé des populations (données des mortalités INSERM) établies dans chaque région».

Sur le plan mondial

La sous-alimentation est un problème majeur dans les pays en voie de développement : près des trois quarts des personnes sous-alimentées vivent en milieu rural donc dépendant totalement de l'agriculture, en majorité des femmes et des enfants.

Chez les enfants, la sous-alimentation provoque un retard de croissance, retard intellectuel et la vulnérabilité aux maladies ; (chez les adultes, elle occasionne des sensibilités aux maladies, apathie, mal-être et abaissement de la capacité de travail donc moins de productivité et de croissance économique).

Cependant, la sous-alimentation n'est pas seulement une insuffisance alimentaire mais aussi une carence en micronutriments car :

- **lors d'une carence en fer :** la capacité de travail diminue et il y aura plus de sensibilité aux maladies (et chez les femmes enceintes, cela entraîne des retards de croissance du fœtus, une insuffisance de poids chez les nouveaux-nés et une augmentation de mortalité périnatale), lors d'une carence en iode : nombreux cas d'arriération mentale et de surdité-mutité chez les nouveaux-nés,

- **lors d'une carence en vitamine A** : principale cause de cécité chez les enfants ; de plus, abaissement des défenses immunitaires...

- Enfin, la malnutrition augmente les risques de maladies ; à savoir que les maladies parasitaires favorisent la malnutrition, empêchant une partie des nutriments intégrés...

« Les bandes enherbées ont valeur de dispositifs anti-érosion et zones d'expansion de crue. Elles limitent les apports au cours d'eau, de pesticides et d'engrais. Extensivement pâturées et/ou fauchées, elles jouent un rôle majeur de protection des berges et de corridors biologiques si elles ne sont pas polluées ni trop isolées par d'autres éléments naturels du paysage ». Auteur : Zoran Pravdic ; est distribué sous licence CC BY-SA 3.0. Wikipédia

L'eau potable, quant à elle, n'est pas accessible ou presque, à environ deux milliards d'individus. De ce fait, ils consomment des eaux souillées, point de départ de nombreuses maladies. Selon l'O.M.S. (Organisation mondiale de la Santé), elles constituent l'une des principales causes de mortalité dans les pays en développement. Dans les pays touchés par ces fléaux, les enfants malnutris (2 sur 5 ont un retard de croissance, 1 sur 3 a un poids trop faible pour son âge (insuffisance pondérale) et 1 enfant sur 10 a un poids trop faible pour sa taille (dépérissement).

F/ les services :

Alors qu'il y avait eu une tendance à rapprocher les services de base des populations locales (mairie, poste, école...), ce fut avec le développement des transports, l'éloignement des services qui prit le dessus.

Dorénavant, ce sont les bassins de vie qui structurent le territoire :

- chaque bassin de vie est construit autour d'un **pôle de services,**
— la quasi totalité des bassins dispose de tous les équipements de proximité : commerces de proximité, écoles ou professionnels de la médecine de premier secours...

o

Au Pôle services intercommunal sont regroupés les services administratifs de la petite enfance, enfance, jeunesse et portage de repas à domicile, etc... Le Pôle services a pour objectif de rassembler les organisations sanitaires, sociales, médico-sociales et de services à la personne :

- C.C.A.S. (Centre communal d'action sociale),
- les services du Conseil Général (assistantes sociales, PMI...),
- les services de la CARMI (médecins, infirmières, assistantes sociales...),
- la Mission locale et le Service Information Jeunesse,
- les permanences de la CAF plus une borne interactive CAF,
- Des bureaux de permanence pour les associations qui rendent des services à la personne : Impôts, CARSAT, etc...
- Des salles de réunion, etc...

*

> « Les pôles ruraux, centres d'un véritable bassin de vie »,
>
> INSEE région Bretagne
>
> « En milieu rural, les pôles de services apportent aux habitants les équipements et services intermédiaires qui manquent dans la localité ou dans les communes voisines.... »

G/ les loisirs :

En campagne comme en ville, les centres de loisirs existent offrant aux jeunes enfants, des activités très variées, jouant un rôle éducatif et de sociabilisation.

D'ailleurs, dans nombre de communes rurales, les associations se sont multipliées, tant en direction des enfants que des adultes, ou personnes âgées.

Quant aux cinémas ou théâtres, bibliothèques, ce sont souvent des services itinérants qui remplissent leur rôle qui est de distraire et d'apporter aux personnes, des services de qualité...

H/ le tourisme durable : Alors que le tourisme était rattaché aux loisirs et à la santé, dans le tourisme actuel, on prend en compte l'ensemble des activités économiques destinées tant aux déplacements qu'à la restauration, aux lieux de séjour. C'est une véritable industrie. ... Voyage pour le plaisir, découverte de lieux différents de celui dans lequel on vit habituellement, mais aussi tourisme d'affaires, culturel, médical ou pèlerinages...

a) les vacances à la mer

1 - « Visiteurs d'été, 1897 », peinture de l'artiste Maurice Prendengast -

2 - « Plongée de « contact, avec des raies sauvages ; il a été montré que ce type d'activité pouvait significativement affecté l'environnement de la raie, ainsi que sa santé (marqueurs sanguins de stress en augmentation , et baisse de l'immunité constatée chez les *raies en contact avec l'Homme et non chez les raies vivant « normalement » dans les mêmes régions. »Auteur Kfulgham84 ; est distribué sous licence CC BY-SA 3.0. Wikipedia*

b) la plongée sous-marine ; c) les voyages touristiques : culturels, d'affaires ou pèlerinages...

Les objectifs du Tourisme durable sont le respect de l'environnement, le respect de la qualité des paysages ainsi que des habitudes et traditions locales. L'écotourisme, une forme du tourisme durable, est la découverte principalement de la nature, des écosystèmes qu'ils soient urbains ou non : monuments,réserves naturelles, jardins écologiques ou parcs zoologiques...

1 - « le beffroi d'Issoudun » ; est distribué sous licence CC BY-SA 3.0. Auteur : Belgism89 Wikipedia

2 - « Arbre de Jessé » ; est distribué sous licence CC BY-SA 3.0. Auteur : ManiacParisien. - Musée municipal de l'Hospice Saint-Roch, (labellisé Musée de France) Issoudun, Indre - (collections archéologie, art moderne et contemporain, art religieux : (sculptures XII°- XV° siècles), arts décoratifs, civilisations extra-européennes : africaines, océaniennes ; sciences médicales (instruments médicaux), mobilier, peintures et dessins, céramique, manuscrits, incunables...).

I/ système de management environnemental.

La norme ISO est une norme établie par l'Organisation internationale de normalisation : c'est la référence des organismes pour mettre en place un système de management environnemental.

*« **L'ISO 14001** : 2004 spécifie les exigences relatives à un système de management environnemental permettant à un organisme de développer et de mettre en oeuvre une politique et des objectifs, qui prennent en compte les exigences légales et les autres exigences auxquelles l'organisme a souscrit et les informations relatives aux aspects environnementaux significatifs. Elle s'applique aux aspects environnementaux que l'organisme a identifiés comme étant ceux qu'il a les moyens de maîtriser et ceux sur lesquels il a les moyens d'avoir une influence. Elle n'instaure pas en elle-même de critères spécifiques de performance environnementale. »*

L'ISO 14001 : 2004 est applicable à tout organisme qui souhaite établir, mettre en oeuvre, tenir à jour et améliorer un système de management environnemental,

- s'assurer de sa conformité avec sa politique environnementale établie - et démontrer sa conformité à l'ISO 14001 : 2004 ... en :

a) réalisant une auto-évaluation et une auto-déclaration,

b) recherchant la confirmation de sa conformité par des parties ayant un intérêt pour l'organisme, telles que les clients, etc...

Toutes les exigences de l'ISO 14001 : 2004 *(SYSTEMES DE MANAGEMENT ENVIRONNEMENTAL)* sont destinées à être intégrées dans n'importe quel système de management environnemental. Le degré d'application dépendra de divers facteurs, tels que la politique environnementale de l'organisme, la nature de ses activités, produits et services, et sa localisation et les conditions dans lesquelles il fonctionne.

L'ISO 14001 : 2004 fournit également, dans l'Annexe A, des lignes directrices informatives pour son utilisation.

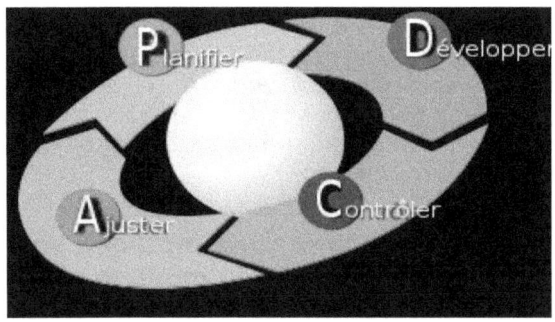

« l'ISO 14001 repose sur le principe de la roue de Deming »   Auteur : Michel.Weinachter ; est distribué sous licence CC BY 3.0.

(La **roue de Deming** est l'illustration de la **méthode de Gestion de Qualité dite PDCA** ou encore PDSA. Moyen mnémotechnique permettant de repérer avec simplicité les étapes à suivre pour améliorer la qualité dans une organisation).

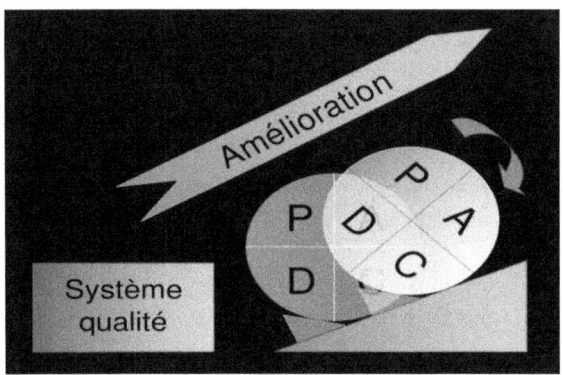

« la roue de Deming, dessinée par Christophe Moustier. Elle est présentée dans le cours de gestion de projet disponible. »   Auteur : Christophe Moustier Wikipedia

Cela concerne : l'hôtellerie, la restauration, les destinations touristiques, les tourisme et patrimoine, le tourisme social, les tourisme et handicap, l'éducation et la sensibilisation, les rencontres, les salons, les trophées, la production touristique, le marketing touristique, le tourisme solidaire, les transport et climat, l'écotourisme, etc...

La roue de Deming est une méthode en quatre étapes afin d'aboutir à une meilleure qualité du produit, le tourisme durable :

Plan : préparation, planification de la future réalisation,

Do : développement, réalisation, mise en œuvre (au départ, une phase de test),

Check : contrôle, vérification,

Act ou Adjust : agissement, ajustement, réaction (si on a testé à l'étape Do, on déploie alors la phase Act.).

Comment l'utiliser et reconnaître les trois phases :

1/ l'identification du problème à résoudre ou processus à améliorer,

2/ recherche des **causes racines** *(utilisation du diagramme de Pareto - (graphique), etc...),*

3/ recherche des solutions avec rédaction d'un cahier des charges et établissement d'un planning... Les causes racines à l'aide du diagramme de Pareto. (graphique représentant l'importance des causes du retard au travail - les données sont hypothétiques).

171

*

Auteur : Metacomet et Sanao   Wikimedia Commons

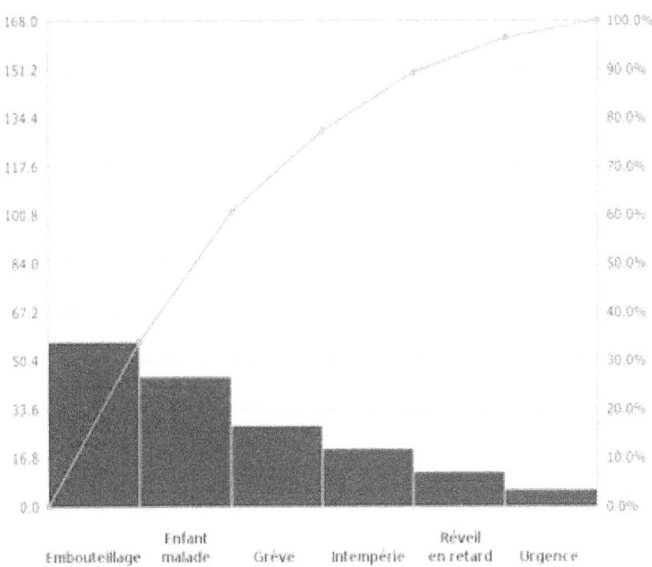

*

0.2.6 – LES CATALYSEURS INTERNES

> « La structure des sociétés rurales se transforme sous la pression de forces externes (elles s'urbanisent) et de forces internes (en relation avec l'accélération du progrès technique) ; le cadre de la vie rurale, les structures et les rapports sociaux se modifient. Notre représentation des campagnes françaises, des comportements des agriculteurs, etc... risque de ne pas correspondre à la réalité, si nous n'observons pas attentivement les transformations en cours, et les investissements projetés risquent de ne pas répondre aux besoins ou d'être excessivement coûteux, si nous n'établissons pas les bases sociologiques d'un nouvel aménagement ou d'un nouvel équipement des campagnes françaises. »
>
> « Le secteur agricole est, dans sa totalité, en cours de transformation, et cette transformation a de nombreuses causes et de nombreuses conséquences. Le malaise paysan est, dans certaines régions, beaucoup plus qu'un malaise : une profonde crise de structure. »
>
> « ... Le développement du secteur agricole doit être envisagé dans sa totalité : économique et sociale. »
>
> «... L'intégration des agriculteurs, dans la communauté nationale, implique non seulement pour eux, l'organisation du développement économique, mais aussi, dans de nombreuses régions, la transformation de leur cadre de vie, leur accession à un niveau d'éducation, de formation et de culture comparable à celui des autres catégories socio-professionnelles, l'organisation de la promotion

> *professionnelle et sociale.*
>
> « *En conclusion, on assiste actuellement à une profonde transformation du monde rural : cette transformation a de multiples aspects et de multiples conséquences, elle constitue un phénomène social fondamental de notre époque dont l'analyse requiert le concours de plusieurs spécialistes des sciences humaines.* »
>
> « *Préoccupations sociologiques d'un économiste rural, 1961* », Louis Malassis*, *économiste.*

*

Les catalyseurs internes

1 - Les Chambres d'Agriculture.
http://paris.apca.chambragri.fr/

« LES CHAMBRES D'AGRICULTURE : POUR LA PERFORMANCE DURABLE DES AGRICULTURES ET DES TERRITOIRES »

« En France, le réseau des Chambres d'Agriculture a été créé dans les années 1920, pour être un interlocuteur privilégié des instances publiques et pour représenter les intérêts du monde agricole (...).

Aujourd'hui, cette double mission se déploie dans le champ économique, social et environnemental ainsi qu'à l'échelle locale, nationale et européenne.

Présentes dans chaque département, dans chaque région, les Chambres d'Agriculture sont des établissements publics dirigés par 4200 élus professionnels, tous représentants des diverses activités du secteur agricole et forestier et « porteurs d'énergies et de compétences » d'un secteur essentiel de l'économie locale, régionale et nationale.

Les Chambres d'Agriculture accompagnent les agriculteurs dans leurs projets d'installation ou de développement en leur apportant une assistance effective sur les aspects techniques, économiques, administratifs et personnels… »

« Présentation du réseau « Agricultures et Territoires - Chambres d'Agriculture »

2 – l'Apave, « groupe engagé dans le développement durable » tant pour **préserver les ressources naturelles, gérer les déchets et limiter la pollution et l'effet de serre - surtout pour la sécurité et la santé des hommes dans le travail** : l'Apave est un organisme qui accompagne les entreprises agricoles, dans leur volonté de maîtriser les risques techniques, humains et environnementaux.

3 – le réseau DRIRE, (Direction Régionale de l'Industrie, de la Recherche et de l'Environnement (représenté dans chaque département) : le portail du Ministère sur les DRIRE, pour la gestion de Déchets, Ordures ménagères, Droit, Réglementation, Energie, Risques industriels, Sols, Sous-Sols…

4 – l'ADEME, Agence de l'Environnement et de la Maîtrise de l'Energie : l'ADEME a pour mission de susciter, d'animer, de coordonner, faciliter ou réaliser des opérations en vue de la protection de l'environnement et de la maîtrise de l'énergie.

5 – 123environnement :*Evironnement* est une opération pilote facilitant la mise en œuvre de démarches de management environnemental selon le référentiel ISO 14001 et/ou EMAS dans les entreprises et en particulier auprès des PME/PMI.

6 – CNIDEP,
le CNIDEP est le centre national d'innovation pour le développement durable et l'environnement pour les petites entreprises.

7 – le CARSAT/CRAM,
organisme des assurances maladie et de santé au travail : la CRAM (Caisse Régionale Assurance Maladie) est devenue le CARSAT, correspondant au régime général de la Sécurité Sociale ; la MSA est l'organisme similaire qui gère le secteur agricole et les entreprises qui y sont rattachées.

8 – la FNSEA,
La Fédération nationale des syndicats d'exploitants agricoles a été fondée en 1946. C'est un syndicat professionnel des agriculteurs.

9 – l'ANSES,
assure la nutrivigilance pour les produits de consommation tant humaine qu'animale ...

10 – Ministère de l'Ecologie et du Développement durable ; Direction régionale de l'Environnement,

11 – Ministère de l'agriculture, de l'Alimentation, de la Pêche et des Affaires Rurales,
www.agriculture.gouv.fr

12 – *(au niveau local)* **: Directions Régionales de l'Agriculture et de la Forêt,** *www.agriculture.gouv.fr*

13 – la CNASEA, www.cnasea.fr

14 – l'ANDAFAR, analyse de CTE (Contrats Territoriaux d'Exploitation) collectifs ; base de données sur les démarches...
« contrats remplacés désormais par les Contrats d'Agriculture Durable (CAD) ».

15 – l'ADASEA, www.adasea.net **etc...**

« les Hortillonnages d'Amiens (depuis la rue de l'Agrippin) »
Auteur Claude Villetaneuse ; est distribué sous licence CC BY-SA 3.0
Wikipedia

A/ Politique agricole :

aides gouvernementales agricoles, animales, environnementales..

La politique agricole commune (PAC) est une politique mise en place au niveau européen, par la Direction Générale : « Agriculture et Développement rural » de la Commission européenne ; une des principales institutions de l'Union Européenne, dont le siège est à Bruxelles. Elle est composée d'un commissaire par Etat membre *(Traité de Rome de 1957, articles 155 à 163).*

Cette PAC est fondée, en 1957, sur des mesures, contrôles des prix et de subventionnement, afin de développer ou de moderniser l'agriculture, devenue nécessaire pour répondre à des besoins immédiats à l'époque, d'où son orientation productiviste.

Cependant, alors que la Politique agricole commune fête ses 50 ans d'existence, de profonds remaniements interviennent et une nouvelle PAC voit le jour : **le développement rural fait maintenant référence au développement durable.**

L'agriculture durable porte les fondements du développement durable...

o

Exemple de ferme - ferme en polyculture-élevage

« La majorité des fermes du Réseau Agriculture Durable sont en polyculture-élevage. Sur ces fermes, les animaux sont nourris le plus longtemps possible au pâturage parce que l'herbe pâturée coûte moins cher à produire que le maïs. À l'herbe, on associe généralement du trèfle (légumineuse) qui est capable de capter l'azote et de la transformer en élément nutritif pour la prairie. Résultat : peu, voire aucun engrais chimique à apporter. Les déjections épandues par les animaux au pâturage suffisent.

Certaines fermes produisent en complément de l'herbe, des céréales et des protéines (lupin, pois, fèverole) pour être le plus autonome possible. »

« *Réseau Agriculture Durable, le Réseau LA GRANGAFOIN, Politiques agricoles...* »
www.agriculture-durable.org

Aides aux exploitations :

Le Fonds européen agricole pour le développement rural (FEADER) est un fonds de financement de la politique agricole commune (PAC) pour le développement rural.

« La mise en œuvre du Fonds Européen Agricole pour le Développement Rural FEADER, pour la programmation 2014-2020, se fera désormais sous la responsabilité des Régions qui deviennent autorités de gestion (à l'exception de la Réunion (Conseil Général) et de Mayotte (Préfecture).

Il y aura ainsi, en France, 27 programmes de développement rural régionaux (PDRR) :

. 21 régions hexagonales, . la Corse, . 5 départements d'outre-mer : Guadeloupe, Guyane, Martinique, Mayotte, La Réunion, auxquels **s'ajouteront un programme national pour la gestion des risques en agriculture, ainsi qu'un programme spécifique pour le réseau rural national.**

Un cadrage national permet d'assurer une cohérence

sur certaines politiques nationales, en faveur notamment du soutien aux zones défavorisées, de l'installation de jeunes agriculteurs ou de l'environnement ».

« *Ministère de l'Agriculture, de l'agroalimentaire et de la forêt* »
www.agriculture.gouv.fr »

*

AILLEURS DANS LE MONDE ...

A COTONOU, EN AFRIQUE

Premier Forum sur le Développement Rural en Afrique *(FIDRA)*

Présentation des séances (Thème: La transformation rurale durable à l'ordre du jour en Afrique) / Palais des Congrès, Cotonou, République du Bénin : **02-04 mai 2013.**

Introduction : Aujourd'hui, la lutte contre la pauvreté dans les zones rurales suscite un débat qui requiert toute notre attention. 63% de la population de l'Afrique vit en zone rurale.

Malgré une urbanisation rapide, il est estimé que plus de 50% des pauvres seront dans les zones rurales d'ici 2035 et dépendront grandement de l'agriculture pour vivre. La réalisation des objectifs du Millénaire pour le Développement (OMD) reste peu probable si l'accent n'est pas mis sur l'amélioration des moyens de subsistance des populations rurales.

Objectif du Forum sur le Développement Rural en Afrique Le Forum fournira l'occasion de partager les enseignements des expériences en Afrique et de tirer des leçons d'autres pays.

Le Forum permettra d'échanger sur les bonnes pratiques de coordination des politiques entre les différents secteurs et institutions, ainsi

qu'entre les différents niveaux de gouvernement dans le but de mettre en place des services ruraux efficaces, qui répondent aux besoins particuliers des zones rurales.

Lors du 20ème Sommet de l'Union africaine, tenu en Janvier 2013, les dirigeants africains ont demandé l'élaboration d'un Plan directeur de la transformation rurale en Afrique; c'est ce à quoi nous devons aboutir à l'issue de ce forum. L'objectif du FDRA donc est de contribuer à sensibiliser et informer les acteurs africains, ainsi que de la communauté internationale, sur les questions clés de la transformation rurale en Afrique.

Résultats attendus : Le Forum devrait aboutir à: a) un consensus africain sur le rôle du secteur rural dans la transformation économique et sociale du continent. b) une meilleure compréhension des synergies et des compromis, une vision intégrée du développement et de l'environnement par toutes les parties concernées grâce à un meilleur alignement et une harmonisation des politiques et des pratiques.

La publication du «Communiqué de Cotonou sur le Développement Rural en Afrique»…« *Rural Futures* » *(Programme), Transforming Africa*

*

« *Agence française de Documentation* »

AU CAMBODGE , *Document de travail, Etude de 01/2006*

« .L'étude porte sur le lien entre développement et changement social en zone rurale, à partir de l'analyse du cas du Cambodge. La société rurale cambodgienne semble incapable de surmonter les blocages qui la maintiennent dans une situation de précarité et de grande pauvreté malgré l'aide internationale qu'elle a reçue au cours des dix dernières années. L'étude questionne les théories recherchant dans les caractères traditionnels et immuables de la société rurale cambodgienne les explications de sa relative stagnation … »

« *Depuis plus de dix ans maintenant, les Accords de Paris ont été signés et la paix est revenue au Cambodge. Dans la même période, une aide internationale « massive » s'est attelée à soutenir la reconstruction puis l'initiation du développement du Cambodge. Pourtant, le taux de pauvreté n'a que faiblement diminué entre 1993 et aujourd'hui, et il semble même s'aggraver dans les zones rurales. En effet, 90 % des pauvres vivent en zone rurale et 79 % travaillent dans le secteur agricole. L'agriculture cambodgienne est extrêmement peu diversifiée et sa productivité reste excessivement faible* » « *Cependant, la riziculture cambodgienne occupe une place insignifiante au niveau mondial tant dans le domaine de la production que de la mise en marché (cf. graphique 1), de sorte qu'elle n'est actuellement pas du tout tournée vers le marché mondial et l'exportation (en raison notamment d'inadéquation des variétés, d'absence d'organisation des industries avals et de coûts, officiels ou non, rédhibitoires de mise en marché)*

(Konishi, 2003). *Comme le démontre en détail la section suivante, cette quasi monoculture du riz trouve ses origines au fondement de la civilisation khmère.* »

« *... le produit brut moyen est ainsi estimé à 220 USD par travailleur et 280 USD par hectare. Malgré quelques gains, notamment une croissance des rendements de riz paddy de 1,3 à 2 tonnes/ha entre 1990 et 2000, ces rendements restent très faibles comparés aux pays voisins du Cambodge (en 2002, ils étaient selon la FAO de 2,6 t/ha en Thaïlande, 3,3 t/ha aux Philippines, 3,5 t/ha au Laos, 4,4 t/ha en Indonésie, 4,6 t/ha au Vietnam et 6,3 t/ha en Chine) suggérant que des gains sensibles sont tout à fait possibles. L'une des principales contraintes réside dans la faible fertilité des sols sur plus de 50 % des surfaces cultivés en riz où la majorité de la population rurale est concentrée (Nesbitt, 1997). D'autres contraintes résident, comme on le verra plus loin, dans la très faible ou la mauvaise utilisation des engrais,* *l'absence de maîtrise du facteur de production eau (date de début et de fin, ainsi qu'amplitude des inondations) et des niveaux d'endettement élevés des ménages auprès d'usuriers locaux (commerçants, opérateurs économiques disposant de trésorerie, fonctionnaires). Dans ces conditions, un cercle vicieux s'est refermé sur les exploitations rurales qui s'orientent exclusivement vers l'auto-subsistance, limitant ainsi toute innovation technique qui implique des prises de risques et des investissements dans les intrants agricoles. De plus, le Cambodge n'est pas un pays de riziculture irriguée : 80 % des paysans pratiquent la culture du riz inondé de bas-fonds, consistant à repiquer du riz dans des parcelles dont l'alimentation en eau repose essentiellement sur les apports issus de la pluie et des crues naturelles. D'après les statistiques officielles, seuls 20 % des surfaces cultivées en paddy (soit environ 470 000 ha) bénéficieraient de systèmes d'irrigation permettant de contrôler réellement le facteur de production eau. En fait, la réalité est encore bien pire car sur les 946 périmètres irrigués recensés au Cambodge (s'étendant sur les 470 000 ha déjà cités), seuls environ 250 000 ha sont correctement alimentés en eau. Cette inefficacité hydraulique est le résultat du délabrement des infrastructures d'irrigation, mais aussi et surtout de leur mauvaise conception initiale et de l'absence d'entretien des ouvrages sur près de la moitié des périmètres recensés. Les autres productions vivrières (maïs, manioc, etc.) ne se comportent pas mieux et ont des productivités également faibles comparées aux standards régionaux. Enfin, l'agriculture cambodgienne est extrêmement peu diversifiée, avec 90 % des surfaces agricoles ... »*

« *De fait, le riz joue un rôle central dans la sécurité alimentaire de la population et constitue toujours le principal aliment de base. Toutefois, la consommation exacte de riz par les ménages ruraux et le degré d'atteinte de l'autosuffisance alimentaire au Cambodge est l'objet de débats animés entre spécialistes...* »

« *On estime que la population rurale compte plus de 9 millions d'âmes, là où il y en avait 4,3 millions en 1962. La densité démographique moyenne serait ainsi passée de 40 à 64 hab/km2 entre 1970 et 1998.*

Pour faire face à cet accroissement de bouches à nourrir, les rendements moyens de riz ont également doublé puisqu'ils sont passés de 1 t/ha en moyenne en 1968 à prés de 2 t/ha depuis seulement l'an 2006.

La densité de population s'élève et s'accompagne de l'apparition de paysans sans terre et d'une dégradation du milieu naturel. Depuis les années 1990 la population de paysans sans terres s'accroît. Dans cette perspective, quelles politiques agricoles mener ?

En définitive, deux conclusions émergent :

1/ *tout indique que la plupart des systèmes agraires cambodgiens sont en crise10 et ne parviennent plus à absorber le croît de population et les chocs économiques sans augmenter massivement la pauvreté rurale.*

2/ *dans les conditions décrites ci-dessus, toute augmentation de la productivité agricole des exploitants tournés vers l'auto-subsistance aurait un effet considérable sur la réduction de la pauvreté (particulièrement la satisfaction des besoins caloriques), et faciliterait la transition des exploitations vers des activités plus diversifiées et tournées vers les marchés. Soutenir la riziculture est de nouveau un moyen et non une fin pour amener les agriculteurs cambodgiens à se tourner ultérieurement vers d'autres spéculations et s'intégrer peu à peu à de nouveaux marchés. Il est salutaire de constater que les autorités ... »*

« A l'époque de l'apparition de l'agriculture au Cambodge, on estime que l'ensemble de la population humaine du globe se situe entre 5 et 10 millions d'habitants (Mazoyer et Roudart, 1997). La population du futur Cambodge ne devait donc compter que quelques milliers d'âmes. Le pays étant recouvert en quasi-totalité par une forêt tropicale (Delvert, 1983), les espaces vierges disponibles au regard des populations des premiers agriculteurs sont immenses, de sorte qu'il n'y a pas de pression sur les ressources naturelles. La pratique de

> l'agriculture a été importée au Cambodge. Elle l'a probablement été à partir du foyer d'invention de l'agriculture qui a pris place en Chine, il y a 8 500 ans, dans le Shanxi et le Henan, une région riche parcourue par le fleuve jaune, à environ 500 km au sud-ouest de Pékin. Le riz n'a pas été immédiatement domestiqué dans cette région.

> « A l'arrivée des Français, le pays semble couvert de forêts et peu mis en culture. Démonstratif de la faible occupation humaine et de la nature vierge des forêts, Mouhot indique : « Ces forêts sont infestées d'éléphants, de buffles, de rhinocéros, de tigres et de sangliers ; la terre autour des mares est couverte de leurs traces ; on ne peut s'avancer de quelques pas dans la profondeur des bois sans les entendre... ». A cette époque l'espace est tellement forestier que l'éléphant est le moyen de transport le plus rapide et privilégié par les riches …. »

*

B/ Contrats d'Agriculture Durable :

La loi d'orientation agricole du 9 juillet 1999, définit un cadre contractuel innovant entre agriculteurs et pouvoirs publics.

Le Ministère de l'Agriculture, de l'Alimentation et de la Pêche a décidé de suspendre les Contrats Territoriaux d'Exploitation (CTE), qui étaient incomplets ; ils ont été remplacés par les Contrats d'Agriculture Durable (CAD) prévoyant un recentrage sur des enjeux environnementaux prioritaires identifiés au sein des territoires : préserver les ressources naturelles en luttant pour la qualité des sols, de l'eau, de la biodiversité et des paysages (cf. décret 2003-675 du 22 juillet 2003).

Le Contrat d'Agriculture Durable d'une durée de 5 ans, est un contrat passé entre l'agriculteur et l'Etat.

Les exploitants s'engagent dans des actions de préservation environnementales et de qualité de production.

C/ Réseaux associatifs ruraux, en France :

- **AFIP,** Association de formation et d'information pour le développement d'initiatives rurales. *http://afip.asso.fr*
- **Réseau Rural,** « l'Europe s'engage en France », Association de formation et d'information pour le développement d'initiatives rurales. *www.reseaurural.fr*
- **ECONOMIE RURALE, Réseaux associatifs et politiques.** *www.economierurale.revues.org*
- **AMRF,** Association des Maires Ruraux de France. *http://amrf.fr*
- Répertoire des associations d'Animation... *www.agriculture.gouv.fr*
- **CELAVAR,** Coordination associative de développement durable en milieu rural... qui rassemble des associations agissant dans l'éducation populaire, activités pour la jeunesse... *www.celavar.org*
- **RELIER,** réseau d'expérimentation et de liaison des initiatives en espace rural. *www.reseau-relier.org*
- **INTER-RESEAUX Développement rural, réflexions en réseau, échanges...** *www.inter-reseaux.org*
- **ADMR Union Nationale, premier réseau associatif français de proximité : « service à la personne »...** *www.admr.org*

- **GENERATIONS MOUVEMENT, réseau assiociatif des séniors de France.**
  www.federation-nationale@gmouv.org

- **CNFR, Confédération Nationale des Foyers ruraux** : financer des petites infrastructures culturelles en milieu rural.   *www.fnfr.org*

- **TRAME,** tête de réseaux pour l'appui méthodologique aux agriculteurs. *www.agriculture.gouv.fr*   etc...

D/ Sécurité alimentaire :

C'est seulement lorsque tous les individus de la planète pourront manger à leur faim que la sécurité alimentaire sera atteinte.

En 1948, la Déclaration Universelle des droits de l'homme proclamait que *« toute personne a droit à un niveau de vie suffisant (...) notamment pour l'alimentation »*. Encore actuellement, il faut constater que le droit à l'alimentation n'est effectif que pour une partie de l'humanité. Il faut dès à présent une mobilisation durable de toutes les agricultures du monde. Il est nécessaire d'aller vers un **développement agricole durable** qui augmentera la production tout en prenant soin des écosystèmes - sans présenter les inconvénients et limites de la *« Révolution verte »*.

Concernant la sécurité alimentaire, la France apporte son aide dans les pays en voie de développement ; elle a une action importante sur la scène internationale : *« France Diplomatie » - Ministère des Affaires étrangères et du développement international.*   Mai 2014

Le concept de sécurité alimentaire a beaucoup évolué depuis sa première définition lors de la conférence mondiale de l'alimentation en 1974. La France partage la définition de la sécurité alimentaire et nutritionnelle adoptée par le Sommet mondial de l'alimentation de 1996 à Rome. Celle-ci repose sur quatre dimensions,

- **l'accès physique économique et social** à l'alimentation au travers notamment d'un pouvoir d'achat suffisant et de prix peu élevés des produits alimentaires ;
- **la disponibilité** de la nourriture aux niveaux national, local et du ménage ;
- **la qualité sanitaire et nutritionnelle** des produits ;
- **la régularité** de l'accès, de la disponibilité, de la qualité.

La sous-alimentation chronique touche 842 millions de personnes, soit près de 12,5 % de la population mondiale.
La sécurité alimentaire ne peut être obtenue que lorsqu'un environnement sanitaire adéquat existe, ce qui implique entre autres, l'existence de services de santé, de pratiques de soins appropriés, l'accès à l'eau potable, la diffusion de pratiques d'hygiène, le respect de l'égalité85 femmes/hommes.

Les actions de développement menées par la France s'appuient sur les différentes dimensions de la sécurité alimentaire. **Un cadre d'intervention sectoriel pour la « Sécurité alimentaire en Afrique subsaharienne »** a été élaboré en mars 2013 par l'Agence française de développement, opérateur du ministère des Affaires étrangères et du Développement international. Il a pour finalité « d'améliorer durablement la sécurité alimentaire des ménages ruraux et urbains d'Afrique subsaharienne par un soutien aux exploitations agricoles familiales, aux filières et aux politiques agricoles, alimentaires et nutritionnelles, en intégrant les enjeux de développement durable ». L'amélioration de la nutrition, notamment pour les femmes enceintes et les enfants, constitue un objectif transversal de ce cadre d'intervention sectoriel.

*

Vers 8 000 avant J.C., l'homme se nourrit exclusivement des produits de la chasse, de la pêche et de la cueillette, dans des écosystèmes favorables ;

De 8 000 à 3 000 avant J.C. environ, au Néolithique, l'homme devient peu à peu éleveur, agriculteur, modifiant son mode d'alimentation et de vie ; développement dû aux grandes sociétés agraires des vallées de l'Indus, de la Mésopotamie et du Nil.... puis apparaît l'essor des agricultures hydrorizicoles, surtout en Asie... et l'émigration des populations humaines vers les régions d'Amérique, d'Afrique du Sud, d'Australie et de Nouvelle Zélande, etc....

*

En Europe, en France, depuis ces dernières décennies, beaucoup de produits nouveaux qui sont arrivés dans les magasins, nous paraissent anodins. Or, certains aliments et boissons enrichis (boissons énergisantes...) peuvent, dans certaines conditions, présenter des risques et, c'est **l'objectif du dispositif de nutrivigilance de l'ANSES,** de veiller sur la sécurité du consommateur ; mais également, l'ANSES surveille les méfaits environnementaux sur la santé ;

les risques sanitaires encourus lors de l'exposition aux produits chimiques (engrais, produits phytosanitaires, lors de la pollution de l'eau, de l'air, du sol, etc... Elle assure également, l'évaluation, avant la mise sur le marché, des pesticides, biocides...

> « L'appellation « produits biocides » : Les « produits biocides » sont un ensemble de produits destinés à détruire, repousser et rendre inoffensifs les organismes nuisibles, à en prévenir l'action ou à les combattre par une action chimique ou biologique. »
> « La réglementation biocide », 10 mars 2014 (mise à jour le 12 mars 2014).

Par ailleurs, l'ANSES contribue à prévenir, à lutter contre les agents pathogènes touchant la faune et la flore sauvage... concernant l'alimentation animale, elle évalue les risques sanitaires et nutritionnels.

De même que pour les humains, les végétaux peuvent voir leur santé affectée par des agents pathogènes (virus, bactéries, vers parasites, champignons...). Là encore, l'ANSES assure des missions de veille et assure des expertises collectives.

*

0.2.7 - LES CATALYSEURS EXTERNES

Les Organisations internationales :

l'O.N.U (les Nations Unies), l'O.M.S., la FAO, l'UNICEF, l'UNESCO, la Croix Rouge internationale, etc... sont des catalyseurs externes.

Dans le Monde :

Si les besoins alimentaires peuvent être couverts par une grande variété de produits puisque 50 000 végétaux sont comestibles par l'homme, on voit que seulement 15 plantes fournissent 90% de l'apport énergétique alimentaire global, et seulement trois céréales – le riz, le blé et le maïs près de 50%.

La malnutrition (surnommée « faim invisible ») correspond à un mauvais état physiologique provenant soit d'une alimentation inadéquate soit de mauvaises conditions de santé ou d'hygiène. Les formes de malnutrition peuvent être provoquées :

- soit par la sous-nutrition, une sous-alimentation prolongée ou une assimilation insuffisante de la nourriture ingérée ;
- soit due à des carences en micronutriments ;
- soit la surnutrition...

Grâce à l'Agriculture Durable, la sous-nutrition devrait pouvoir disparaître à moindre frais. En effet, sachant que les ressources agricoles ne sont pas infinies, il est bon de savoir que l'agriculture durable est un excellent moyen d'augmenter la rentabilité d'un champ, d'un terrain et surtout de préserver l'avenir.

L'Agriculture **durable prend en compte les générations futures : ces générations d'êtres humains qui viendront après les générations actuelles.**

En effet, les besoins des générations futures sont l'un des fondements du concept de développement durable, dont la définition est la suivante :

« un développement qui répond aux besoins des générations du présent sans compromettre la capacité des générations futures à répondre aux leurs. »

---

*

LES NATIONS UNIES (O.N.U)

Cette organisation a été fondée en 1945, après la Seconde Guerre mondiale, grâce à la détermination de 51 pays, à maintenir la paix et la sécurité internationales, à développer les relations amicales entre les nations, à promouvoir le progrès social, à instaurer de meilleures conditions de vie et à accroître le respect des droits de l'homme. Cette organisation peut prendre des mesures pour résoudre un grand nombre de problèmes.

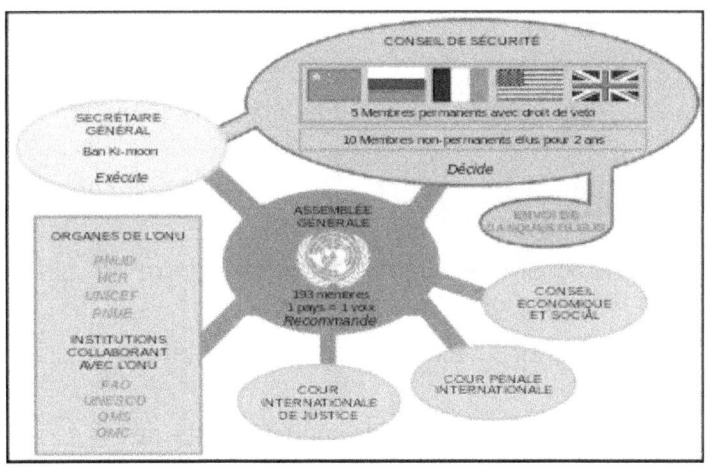

« les Institutions et le fonctionnement de l'ONU »

Tel. par Supernes   Wikipedia

*

l'O.M.S.

(Organisation Mondiale de la Santé)

L'O.M.S. est une institution spécialisée de l'Organisation des Nations Unies (ONU), créée en 1948 pour la santé publique, dépendant du Conseil Economique et social des Nations Unies, ayant son siège à Genève suisse : elle est dirigée par 197 états membres.

Ses actions sont des mesures sanitaires diverses telles que :
- vaccinations, assistance aux PMA (pays les moins avancés),
- Centre International de Recherche sur le Cancer (CIRC),
- programme global de lutte contre le Sida, la tuberculose, le paludisme,
- garantir l'accès aux médicaments de bonne qualité et
- permettre l'achat de médicaments aux

    responsables de santé d'organismes tels que l'UNICEF ou PAHO, etc...
- fournir l'appui technique aux états membres, etc...

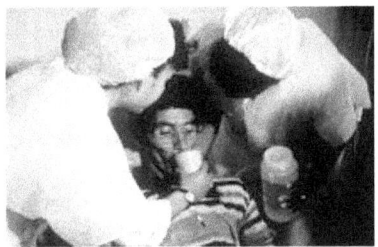

« infirmières aidant un homme atteint de choléra, à boire une solution de réhydratation » Auteur : Centres pour le Contrôle et la Prévention des catastrophes » Tel. par TM.

« fillette souffrant du kwashiakor, mal de la malnutrition, au Nigéria : l'abdomen ballonné et les oedèmes aux pieds sont caractéristiques. » Auteur : Docteur Lyle Conrad (1960); Tel par Hohum Wikimédia Commons

« La première bougie sera la lumière de mon sourire offert à tous... »...

*

LA F.A.O.

Il s'agit d'une organisation spécialisée du système des Nations Unies, créée en 1945 ; elle a son siège à Rome depuis 1951. Depuis le 15 juin 2013, elle est composée de 197 membres... Son objectif est d'aider à construire un monde libéré de la faim.

Ses actions et projets

- permettre d'améliorer sensiblement les conditions de vie des pays producteurs...
- aider les ménages agricoles vulnérables à améliorer et à diversifier leur production en s'adaptant au changement climatique,
- améliorer la sécurité alimentaire dans le monde...

... la maladie dans les bananeraies...

La FAO et un groupe d'experts internationaux souhaitent mettre en œuvre un programme de lutte contre la fusariose, maladie qui se développe rapidement, provoquant le flétrissement et la mortalité massive dans les bananeraies. Il s'agit d'une importante menace dans les pays en voie de développement.

« Le programme de lutte s'articule sur 3 axes :

- prévention des épidémies futures,

- gestion des cas existants,
- renforcement de la collaboration et de la coordination au plan international, entre les institutions, les chercheurs, les gouvernements et les producteurs ». *« Centre d'Actualités de l'O.N.U » ; les dépêches du Service d'information de l'O.M.S.* www.un.org.

En effet, cette nouvelle forme tropicale 4 (T4) du champignon, est considérée comme une menace grave à la production mondiale de la « filière des bananes », annonce la F.A.O. ; cela procure des revenus et la nourriture à environ 400 millions de personnes.

La F.A.O déclare en conclusion, qu'« une réglementation appliquée et les directives de la Convention internationale sur la protection des végétaux (C.I.P.V.) sont indispensables pour atteindre cet objectif de lutte efficace.».

*

L'UNICEF

Fonds des Nations Unies pour l'Enfance

L'Unicef a reçu le prix Nobel de la Paix, le 12 janvier 1965.

Cette organisation fut créée le 11 décembre 1946 ; elle est consacrée à l'amélioration et à la promotion de la condition des enfants. A cette époque, son nom était « United Nations International Children,s Emergency Fund ». Elle a participé à la création de la Convention relative aux Droits de l'Enfant (CIDE) adoptée lors du sommet de New York le 20 novembre 1989.

Les objectifs prioritaires

- l'éducation des filles,
- la vaccination qui a un effet important sur l'amélioration de la santé,
- la protection de l'enfance : protection des orphelins, des enfants soldats... et notamment l'enregistrement des enfants (sans acte de naissance, sans identité, l'enfant ne pourra être admis dans l'ensemble des services de santé de base),
- protection des femmes vulnérables, protection de la petite enfance, etc...

*

L'UNESCO

Organisation des Nations Unies pour l'éducation, la science et la culture, dont le siège est à Paris (France), 7/9 place de Fontenoy, 7ème arrondissement.

L'UNESCO anime la Décennie internationale pour la promotion d'une culture de la non-violence et de la paix, au profit des enfants du monde (2001-2010) proclamée par l'ONU en 1999.

Ses objectifs :

Elle porte son action sur cinq programmes : éducation, sciences exactes, naturelles, sociales et humaines ; la culture, la communication, l'information :

- conduire au niveau international l'édification de structures permettant à toutes les populations d'accéder à l'**éducation** ;
- en **sciences naturelles** : l'UNESCO abrite la Commission océanographique intergouvernementale, organe de coordination scientifique ; dans le cadre du programme MAB (Man and Biosphère), a établi un réseau de réserves de biosphères qui se propose de protéger la nature, tout en préservant l'activité humaine sur toute la planète ;196
- en **agissant sur les cinq secteurs** : la mission de l'UNESCO est de faire avancer la connaissance afin de faciliter les transformations sociales porteuses de valeurs universelles de justice, de liberté, de dignité humaine.

*

201

Extrait du « Magazine OMPI »
Juin 2009

Barefoot Collège. ONG indienne : fondateur : M. Bunker Roy
(Photos: Barefoot College ...)
Sa manière d'aborder ces questions a déjà changé de nombreuses vies.

« Les populations rurales pauvres de la Terre sont les premières victimes des changements climatiques et celles qui en souffrent le plus... Aussi B*arefoot Collège, du Rajastan, apporte l'énergie solaire et les technologies propres aux communautés paysannes les plus pauvres.*

« Le concept pouvait sembler irréaliste, et pourtant des centaines de femmes illettrées ou semi-illettrées des pays en développement et des pays les moins avancés - dont de nombreuses grands-mères - ont reçu de **Barefoot College** (littéralement le "collège aux pieds nus") une formation qui en a fait de véritables ingénieurs en énergie solaire.

Elles sont ensuite rentrées chez elles pour y installer des panneaux et des piles solaires dont elles assureront aussi l'entretien et la réparation et qui changeront pour toujours la vie dans leurs villages isolés. Mieux encore : elles ont appris à d'autres personnes des villages voisins à faire la même chose. Comment tout cela a-t-il commencé?

« Il existe en Inde une multitude de villages isolés que l'on ne peut atteindre qu'après des jours de voyage en tout-terrain sur des pistes difficiles, suivis d'un long trajet à pied. La seule source d'électricité possible, pour les populations de ces zones reculées, est l'énergie solaire photovoltaïque. L'accès à l'électricité grâce à des solutions simples et efficaces comme celle de Barefoot peut améliorer considérablement la vie des villageois et contribue au développement. Il réduit en effet le coût de l'éclairage, permet de générer des revenus et favorise les activités éducatives, tout en limitant la pollution intérieure et les risques d'incendie dus à l'éclairage traditionnel au kérosène. »

*

LE MOUVEMENT INTERNATIONAL DE LA CROIX ROUGE ... DU CROISSANT ROUGE

Le véritable fondateur de la Croix Rouge Française est Henri (Jean-Henri) Dunant, homme d'affaires suisse,

né le 8 mai 1828 à Genève et mort le 30 octobre 1910, à Haiden, en Suisse (commune du canton d'Appenzell Rhodes-extérieures).

Cette organisation a été crée en 1864, avec pour mission de protéger et d'alléger, en toutes circonstances, les souffrances des hommes et des femmes, de protéger la vie et la santé et de faire respecter la personne humaine.

> DUNANT (Jean-Henry), littérateur et philanthrope suisse, né à Genève en 1828. Membre actif de la « Ligue internationale pour l'assistance aux blessés sur les champs de bataille », d'où est sortie la convention de Genève (1864), il fonda la Croix-Rouge, y consacra sa fortune, tomba dans la misère et reçut une pension de l'impératrice de Russie. Outre deux brochures qui ont eu un grand retentissement : un *Souvenir de Solférino* (1862) ; *Fraternité et charité internationales en temps de guerre* (1864), on lui doit *la Régence de Tunis* (1858) ; *l'Empire romain reconstitué* (1859) ; *l'Esclavage chez les musulmans et aux Etats-Unis d'Amérique* (1863) ; *la Rénovation de l'Orient* (1865).

« article sur Henri Dunant, du Larousse en 7 volumes (vers 1912), volume 3 page 880 »   Tel. par Olnnu   Wikipedia

Voici ses principes fondamentaux proclamés à Vienne, en 1965, lors de la XXème Conférence internationale de la Croix Rouge :

- **l'Humanité :** elle s'efforce de prévenir et d'alléger en toutes circonstances, les souffrances des hommes, blessés des champs de bataille, sans discrimination ;

- **l'Impartialité :** elle s'abstient de faire une distinction de nationalité, de race, de religion, de condition sociale ou d'appartenance politique. Elle subvient par priorité, aux détresses les plus urgentes ;

- **la Neutralité :** elle s'abstient de prendre part aux hostilités, aux controverses politiques, religieuses...

- **l'Indépendance :** la Croix Rouge est indépendante et libre de toute influence.

*

ANNEXE...

Réservoirs d'eau - impluvium-

Un impluvium est un système de captage et de stockage des eaux pluviales.
Il se compose principalement :
- d'une aire de captage pouvant revêtir différentes formes : toiture (par exemple dans les habitations romaines), drains taillés dans le rocher (par exemple, certains aiguiers), etc.
- d'un système de transport constitué de canalisations plus ou moins longues couvrant la distance entre le lieu de captage et le lieu de stockage
- d'une « réserve » enterrée ou hors sol (bassin bâti ou taillé à même la roche, réservoir, cuve, citerne, etc.)
A cela, selon le secteur géographique et selon l'utilisation de l'eau, peuvent s'ajouter différents éléments comme par exemple :
- des filtres destinés à éviter l'arrivée d'impuretés dans le réservoir
  - un système de déviation pour les premières pluies (afin que le toit soit lavé sans contaminer l'eau du réservoir)
  - un système de captage des eaux de surface

http://fr.wikipedia.org/wiki/Impluvium

*

Le riz, clef pour sortir de la pauvreté en Birmanie

AFP – Publié le 08-04-2015 à 17h44. Mis à jour à 23h51 « à la une du Monde ! »

Rangoun () - Inquiet du manque d'eau, Than Tun arpente sa petite rizière dans la région de Rangoun sous un soleil de plomb. Le système d'irrigation, archaïque, n'a pas changé depuis ses grands-parents, bien que le riz soit une clef pour sortir de la misère des millions de paysans en Birmanie.

"Personne ne vient jamais nous demander quelles sont nos difficultés", constate sans colère cet homme de 40 ans. Invasion d'insectes, location d'un engin agricole à un voisin pour la récolte, négociations des prix avec les intermédiaires qui viennent lui acheter son riz... Than Tun fait face à toutes les étapes seul, sans relais de l'Etat.

"Le gouvernement n'aide pas beaucoup les paysans. Nous continuons à entretenir le système d'irrigation nous-mêmes", explique-t-il, pieds nus au bord de sa rizière, transpirant par 40°C dans un vieux short de l'équipe de foot de Chelsea...

« ... La moderniser fait partie des réformes qui permettraient de sortir rapidement de la pauvreté la population rurale, qui représente 70% des habitants de Birmanie, selon les experts. Avec à la clef l'ambition pour ce pays de reconquérir le rang de premier exportateur mondial de riz qui était le sien à l'époque de la colonisation britannique.

« Dans sa rizière, Than Tun a installé lui-même une pompe artisanale pour capter le long de sa parcelle de 15 hectares l'eau d'un canal, pourtant quasi asséché.

Le réseau, creusé par les villageois eux-mêmes, achemine l'eau de la rivière de Rangoun, la capitale économique du pays, en plein développement depuis 2011. Mais une fois traversée la rivière, où navigue un ferry chargé de paysans allant vendre leurs produits sur les marchés de la ville, il n'y a plus sur la rive où vit Than Tun ni électricité, ni eau courante, ni centres commerciaux en construction.

- 'Potentiel énorme' -
Le développement birman n'a pas lieu de manière homogène, loin de là. Et au-delà d'une irrigation archaïque, l'ensemble du circuit du riz souffre d'un manque d'organisation.

"Un acheteur vient et c'est lui qui stocke mon riz. Je ne sais pas à quel prix il le vend. Je compare seulement avec les autres fermiers", explique Than Tun, près de sa hutte sans électricité ni eau courante, comme c'est souvent le cas en Birmanie en dehors des villes.

« Les experts pointent les failles de l'édifice: absence de système permettant aux paysans de se tenir informés des prix du marché, manque de lieux de stockage leur permettant de conserver leurs récoltes dans l'attente d'une période où le cours du riz monte...

"Le riz représente un potentiel énorme en Birmanie, où l'économie est basée sur cette céréale, or ce pays reste l'un des derniers d'Asie à connaître de très faibles rendements. S'il arrive à combler son retard, cela pourrait avoir un effet majeur sur la réduction de la pauvreté", estime Sergiy Zorya, de la Banque mondiale.

Sean Turnell, de l'université australienne de Macquarie, se dit "très optimiste quant au potentiel de la Birmanie", si tant est que soit donné aux paysans "un accès aux crédits, aux marchés et aux terres", dans ce pays où nombre d'entre eux, sans terres, travaillent comme ouvriers agricoles. Et à condition que s'améliorent la qualité du riz birman et les infrastructures de stockage et de transports, énumère-t-il.

De nombreux programmes d'aide au développement, soutenus par l'Union européenne par exemple, travaillent sur les systèmes d'irrigation, l'organisation des riziculteurs en coopérative ou le renouvellement des semences.

Mais les investissements étrangers, notamment japonais, restent en-deçà des besoins. Appuyés par des ingénieurs japonais, l'homme d'affaires birman Kyaw Win fait partie de ceux qui se sont déjà lancés, en investissant trois millions de dollars dans un moulin et une zone de stockage moderne dans la banlieue nord-ouest de Rangoun.

Il appelle de ses voeux une amélioration globale du système : "Nos paysans doivent apprendre à faire des récoltes plus efficaces", dit-il. "Pour le moment, il y a beaucoup de déchets".

*

Bibliographie

. **Livre :** « **Le développement durable - Enjeux politiques, économiques et sociaux, n° 5226** ». **Des Auteurs :** Catherine Aubertin, Franck-Dominique Vivien ; la Documentation française 2006. « *Les dérèglements du climat, la destruction des écosystèmes, la raréfaction des ressources en eau font peser des menaces sur la poursuite de la vie sur Terre. Dans le même temps, nos sociétés s'interrogent sur une dynamique économique porteuse d'exclusion et d'inégalités que plus personne ne semble à même de contrôler. Comment est-il possible d'affronter cet ensemble de problèmes qui s'affirment comme étant inextricablement liés ? Le développement durable, qui prétend réconcilier bien-être économique, justice sociale et préservation de la biosphère, apparaît alors comme la solution magique qui pourrait résoudre d'un coup ces inquiétudes. N'a-t-il pas été conçu justement pour cela ? ... »*

. **Livre :** « **Conflits d'usage à l'horizon 2020 – Quels nouveaux rôles pour l'Etat dans les espaces ruraux et périurbains ?** ». **De l'Auteur :** Marc Guérin - FRANCE. Commissariat Général du Plan ; la Documentation française 2005 « *Oppositions aux aménagements routiers, ferroviaires ou aéroportuaires, réactions à la pollution des eaux et de l'air par les activités de production ou d'élimination des déchets, antagonismes liés aux projets de protection, rivalités entre adeptes des activités de loisirs : les sources de conflits d'usage sont nombreuses dans les espaces ruraux et périurbains. Leur généralisation peut freiner l'activité économique mais aussi la préservation des ressources des espaces ruraux. Inversement, le traitement de ces conflits offre l'opportunité d'instaurer de nouvelles formes des gestions du territoire dans une vision à long terme.* »

. **Livre :** « **Histoire des Agricultures du Monde : du Néolithique à la crise contemporaine** ». **Des Auteurs :** Marcel Mazoyer, Laurence Roudart, Editions du Seuil. « *Pourquoi l'homme est-il devenu agriculteur, après des dizaines de milliers d'années de prédation ? Comment a-t-il* mis en culture les forêts, exploité savanes et prairies, aménagé vallées et deltas ? Comment les Incas utilisaient-ils les différents étages andins ? Quelles agricultures pratiquait-on en Europe au néolithique, dans l'Antiquité, au Moyen Age et à l'époque de la première révolution industrielle ? »

. **Livre : « Agriculture et santé : L'impact des pratiques agricoles sur la qualité de vos aliments ». De l'Auteur :** Guillaume Moricourt ; Editions Dangles, 2005. « La fabrication des divers produits de consommation, les différents modes agricoles sont passés en revue ... »

. **Livre : « La biodiversité au quotidien : le Développement Durable à l'épreuve des faits ». De l'Auteur :** Christian Lévêque, Editions Quae, 2008 « Le discours dominant en matière de biodiversité concerne presque exclusivement l'érosion des espèces et des écosystèmes. L'auteur tord le cou à ces idées reçues en portant un regard critique et novateur sur les multiples visages de la biodiversité. »

. **Livre : Histoire de la France rurale. Tome 3. De 1789 à 1914. Editions du Seuil 1975/76 ; 4 volumes. Des Auteurs :** Georges Duby et Armand Wallon. « ... ouvrage sur les paysans français depuis les anciennes civilisations à nos jours (chaque époque a été analysée avec soin : agronomique, économique, historique, politique, sociologique, technique ».

. **Livre : « Les Campagnes urbaines » ; Editions Actes Sud, 1998. De l'Auteur :** Pierre Donadieu. « De plus en plus convoitées, les campagnes proches des villes se peuplent chaque jour davantage, même si l'environnement qu'elles proposent comble rarement les rêves de nature des citadins. Qu'ils viennent y pratiquer leurs loisirs ou s'y installer... »

.**les Encyclopédies « le Potager biologique »**, Editions Denoël ...

*

Table des Matières

CHAPITRE I

LA PRODUCTION – LA PRODUCTIVITE,
- . la Terre, la Forêt/Bois, la Mer : les cultures   p.11
- . Produire plus, grâce à l'Agriculture durable   p.12
- . Savoir parvenir au Jardinage Ecologique   p.17
- . La Préparation du Terrain
  - . A/ les Outils   p.18
  - . B/ le Compostage   p.20
  - . C/ la Transformation à partir d'
    - a) un champ ou une prairie   p.20
    - b) un terrain ayant absorbé des produits chimiques   p.22
  - . D/ le Taux d'Humus   p.22
  - . E/ une Protection des Cultures parfois nécessaire   p.24

*

. la **ROTATION DES CULTURES**	p.25
a) idées de Rotation	p.26
. pour les grandes surfaces	
. pour les potagers	
b) plan du Potager	p.33
. **pourquoi l'AZOTE ?**	p.34
. **les Chaînes alimentaires**	p.36
. **quelques Nouvelles d'ailleurs...**	p.38
. **les CULTURES ASSOCIEES**	p.43
. **les CULTURES INTEGREES**	p.45
. **les GRANDES CULTURES**	p.47
a) plantes et maladies transmises	p.48
(Vulpin des champs)	
b) Obligations des Producteurs	p.53
c) la Vigilance	p.54
. **l'AGROFORESTERIE**	p.56
a) les Arbres et les Cultures	p.57
b) exemple : le programme de Réhabilitation écologique des sols par M. Gashaw Tahir : reboisement dans un univers dénudé d'Ethiopie...	p.59
. **garantir la Qualité et Quantité de l'EAU**	p.60
. **les espèces NOSTOCS**	p.62
. **la Méthode ZAÏ**	p.63
. **l'EAU dans l'AGRICULTURE DURABLE**	p.65
a) les Appareils de production et Amélioration des systèmes de production	p.65
b) la Désalinisation & Purification de l'eau	p.66
(exemple : le Barefoot Collège en Inde)	p.67

- la **LIMITATION DES POLLUTIONS**

    (sol, air, gaz, eau...)

    a) la pollution du Sol   p.68

    b) la pollution de l'Air   p.69

    c) les Gaz invisibles   p.69

    d) la pollution de l'Eau   p.70

- **l'EAU : le DEFI D'AUJOURD'HUI ET DE DEMAIN**

        p.72

    a) l'Arrosage   p.73

    b) l'Irrigation   p.73

    c) recueillez l'Eau du Ciel   p.74

    d) e Cycle de l'eau   p.76

- **les NAPPES PHREATIQUES**   p.79

* *

Les besoins des générations futures sont l'un des fondements du concept de développement durable, dont la définition est la suivante :

« un développement qui répond aux besoins des générations du présent sans compromettre la capacité des générations futures à répondre aux leurs. »

*

« *L'agriculture biologique ou écologique* garantit une qualité attachée à un mode de production respectueux de l'environnement et du bien-être animal ».

Ministère de l'agriculture, de l'agroalimentaire et de la forêt.

CHAPITRE II

ENVIRONNEMENT – ECOSYSTEMES...

0.1   l'**EXPLOITATION AGRICOLE**   p.83

0.2   l'**AGRICULTURE DURABLE**   p.87

<u>0.2.1 - Présentation de l'Agriculture durable.</u>

p.87

<u>0.2.2 – l'Environnement durable : l'ECOSYSTEME</u>

p.91

0.2.2.1 - Objectifs poursuivis.

A/ l'agriculture durable recherche la préservation de l'environnement :

1. le sol, la nutrition des plantes,   p.92
2. la fixation de l'azote   p.93
   (les bienfaits de la rotation des cultures)
3. la reconstitution des sols,   p.94
4. les ennemis naturels, les ravageurs, pour lutter contre : des produits naturels   p.96

B/ l'agriculture durable a pour but de contribuer à réduire les émissions de gaz à effet de serre :   p.96

. tableau : Résumé du rapport de l'INRA,   p.97

. Actions et sous-actions :

1 - diminution des apports de fertilisants   p.97
2 - stocker du carbone...   p.98
3 - modifier les rations des animaux   p.99
4 valoriser les effluents pour produire de l'énergie   p.99

. les briques cuites au méthane. p.101

C/ l'agriculture durable souhaite la prévention...
    1 . en modifiant les modes de production et les modes de consommation,   p.103
    2 . en utilisant des sous-produits divers pour l'humus ou pour transformations.

D/ l'agriculture durable lutte contre l'érosion des sols.
    . réduction des intrants.   p.106

E/ l'agriculture durable aide les personnes et les êtres vivants.   p.107

0.2.2.2 - Quelques principes d'AGRICULTURE DURABLE & ENVIRONNEMENT DURABLE   p.109

A/ les contraintes relatives au respect du sol - la conservation du sol :
    1– l'usage dispersif des métaux,   p.109
    2– les pesticides et métaux lourds :   p.110
    3 - la responsabilité ...   p.110
    4 – les boues.   p.110

B/ la conservation des ressources en eau.   p.112

C/ la conservation de la biodiversité.   p.113

D/ l'aménagement durable : les pâturages naturels.   p.114

E/ Eviter la désertification ; la lutte contre la désertification   p.118

. un regard sur la désertification ;

> l'application des Principes de gestion
> durable des terres : une solution.

Compte-rendu des Nations Unies sur la désertification p.120

> . projets – ouvrages   p.122

0.2.3 - Aménagement intégré du Territoire

A/ la limitation des risques environnementaux et Sécurité.   p.127

> . les stratégies de l'Etat,
>
> . CO^2 réchauffement climatique et risques divers,
>
> . le respect de l'environnement   p.133

B/ la limitation des nuisances (olfactives, sonores)   p.135

C/ la limitation des pollutions (de l'eau, de l'air, du sol)   p.136

> (et voir détails à partir de la page 65 à p.81)
>
> &
>
> . l'eau, le défi d'aujourd'hui et de demain dans l'Agriculture Durable
>
> . l'économie d'eau...
>
> . l'arrosage, l'irrigation
>
> . l'eau du ciel
>
> . le Cycle de l'eau

D/ la réduction de la production de déchets ou transformation. p.136
. la gestion des produits chimiques, p.137
. la gestion des déchets dangereux, p.138

E/ la surveillance énergétique. p.139

F/ le réseau de communication p.139

<u>0.2.4 - la Production</u>

A/ la terre, la forêt/le bois, la mer : les cultures p.141

(et ...voir détails, de la page 11 à la page 81 : CHAPITRE I)

. les Systèmes Culturaux : p.141

1 - la monoculture p.141

2 – la polyculture p.141

3 – les cultures hors-sol p.141

4 – les grandes cultures p.142

5 – les cultures associées p.143

6 – les cultures intégrées p.143

7 – la rotation des cultures p.143

8 - l'agriculture biologique, p.143

9 - l'agriculture vivrière, p.145

10 - la permaculture p.147

11 - la méthode Zaï p.148

12 - l'agroforesterie p.148

13 – l'élevage p.148

14 – les filières intégrées p.150

B/ l'appareil de production, l'amélioration des systèmes p.151

C/ les forces de travail et les biens de production. p.152

D/ la traçabilité des produits. p.152

<u>0.2.5 - les Conditions socio-économiques</u>

A/ l'habitat. p.155

B/ l'assainissement. p.156

C/ l'éducation. p.158

D/ l'hygiène. p.159

E/ la santé. p.159

F/ les services. p.163

G/ les loisirs. p.164

H/ le tourisme durable. p.165

I/ le système de Développement durable p.167

0.2.6 - les Catalyseurs internes.   p.173

A/ la politique agricole.   p.178

   . aides politiques agricoles, animales, environnementales,

« Ailleurs dans le Monde... »   p.180

B/ les contrats d'agriculture durable.   p.185

C/ le réseau associatif rural   p.186

D/ la sécurité alimentaire.   p.187

0.2.7 - les Catalyseurs externes.   p.191

Les Organisations internationales :   p.191

   . les Nations Unies (O.N.U.)   p.193

   . O.M.S.   p.194

   . la F.A.O   p.196

   . l'U.N.I.C.E.F   p.198

   . l'U.N.E.S.C.O.   p.199

   . la Croix Rouge, le Croissant Rouge   p.203

   . la réserve d'eau, l'Impluvium   p.205

   . le riz, clé du développement...   p.206

Bibliographie   p.209

Table des Matières   p.211

« Tous droits réservés »

*

© 2016, Jacqueline Launay

Edition : BoD - Books on Demand
12/14 rond-point des Champs Elysées, 75008 Paris
Impression : Books on Demand GmbH, Norderstedt, Allemagne
ISBN : 9782322076765
Dépôt légal : April 2016

www.ingramcontent.com/pod-product-compliance
Lightning Source LLC
Chambersburg PA
CBHW050207230526
45470CB00001B/270